海洋行业公益性科研专项项目"海域使用遥感动态监测业务化应用技术与示范"资助

海域使用遥感监测技术

赵建华　索安宁　徐京萍 等 著

海洋出版社

2017 年 · 北京

图书在版编目（CIP）数据

海域使用遥感监测技术／赵建华等著 . —北京：海洋出版社，2017. 9
ISBN 978-7-5027-9943-4

Ⅰ.①海… Ⅱ.①赵… Ⅲ.①海域–海洋遥感–监测–研究–中国
Ⅳ.①P715. 7

中国版本图书馆 CIP 数据核字（2017）第 242793 号

责任编辑：赵 武
责任印制：赵麟苏

海洋出版社 出版发行

http：//www. oceanpress. com. cn

北京市海淀区大慧寺路 8 号 邮编：100081
北京朝阳印刷厂有限责任公司印刷 新华书店发行所经销
2017 年 9 月第 1 版 2017 年 9 月北京第 1 次印刷
开本：787 mm×1092 mm 1/16 印张：13. 5
字数：250 千字 定价：68. 00 元
发行部 62132549 邮购部 68038093 总编室 62114335
海洋版图书印、装错误可随时退换

参加著作人员 （按姓氏笔画为序）

刘百桥　刘立栋　刘召芹　张　云　张丰收

李紫薇　宋德瑞　陈建裕　郝　煜　赵建华

索安宁　徐京萍　高　宁　袁道伟　谢伟军

前　言

为落实《中华人民共和国海域使用管理法》"国家建立海域使用管理系统，对海域使用状况实施监视、监测"的要求，国家海洋局于2006年启动了"国家海域使用动态监视监测管理系统"的建设和运行，系统采用卫星遥感监测和实时移动监测等方式，对海域使用状况、海洋功能区划执行情况以及海域空间资源等动态要素实施全覆盖、高精度的实时监视监测。"国家海域使用动态监视监测管理系统"于2009年进入业务化运行阶段。为了解决"国家海域使用动态监视监测管理系统"业务化运行过程中遥感监测技术瓶颈和难点，2010年海洋行业公益性科研专项设立了"海域使用遥感动态监测业务化应用技术与示范"项目，该项目由国家海洋环境监测中心牵头承担，国家海洋局第二海洋研究所、中国科学院遥感应用研究所、天津师范大学、中国科学院地理与资源研究所等全国遥感应用技术单位共同承担。该项目主要解决"国家海域使用动态监视监测管理系统"业务化运行过程中的遥感影像几何校正、配准、镶嵌、匀色等遥感影像预处理技术；海域使用遥感监测分类体系与分类影像特征库；典型用海类型和方式遥感信息提取技术；海域使用遥感监测结果分析评价技术；海域使用遥感监测数据集成共享技术等。经过项目组研究人员近5年共同技术攻关，基本解决了项目初设的技术问题，研究成果大部分应用到"国家海域使用动态监视监测管理系统"业务化工作中，达到了原定的研究目标。

本书是"海域使用遥感动态监测业务化应用技术与示范"项目主要研究成果的集成成果。全书立足于我国海域使用监测技术需求，通过在海岸带遥感影像处理技术、海域遥感分类体系、海域使用遥感信息提取技术、海域资源动态监测技术、海域使用遥感成果集成技术等方面的研究应用，尝试形成海域遥感动态监测业务化流程，以提高海域使用遥感监测工作的效率、准确性和自动化水平，促进国家海域使用动态监视监测管理系统的高效业务化运行，提升海域使用监控能力，尤其是对围填海等严重改变海域属性用海的监控，减少违法违规用海现象的发生，从而有力促进海域资源的合理开发利用和海洋经济的健康可持续发展。

全书分为海域使用遥感监测概述、海域使用遥感监测影像处理技术、海域使用遥感监测分类技术、典型用海类型遥感监测技术、建设用海遥感监测技术、海岸线遥感监测技术、海域使用遥感监测成果集成应用技术和海域使用遥感监测技术应用实践八章内容。由国家海洋环境监测中心、国家海洋局第二海洋研究所、天津师范大学、中国科学院遥感应用技术研究所等单位共同完成，具体分工如下：第一章，赵建华、索安宁、徐京萍；第二章，陈建裕；第三章，刘百桥、刘立栋；第四章，张丰收、徐京萍；第五章，袁道伟、高宁、索安宁；第六章，李紫薇、刘召芹、索安宁；第七章，宋德瑞、郝煜、张云；第八章，李方、赵建华、谢伟军。全书由赵建华、索安宁、徐京萍通纂和定稿。由于研究的深度和水平有限，一些监测技术方法尚待实践工作的进一步检验，不妥之处在所难免，敬请各位同行和广大读者批评指正。

著作组

于大连凌水湾畔

2017 年 6 月

目　录

第一章 海域使用遥感监测概述

第一节 海域使用遥感监测概况

我国管辖的海域面积约有300万km²，占国土总面积的24%，是国家重要的国土空间资源，也是海洋经济发展的基础和载体。海域综合管理是国家海洋综合管理的重要内容，为加强海域使用管理，维护国家海域所有权和海域使用权人的合法权益，促进海域的合理开发和可持续利用，我国于2002年制定了《中华人民共和国海域使用管理法》。从此，我国海域管理走上了依法管理的正确道路，海洋功能区划制度、海域权属制度、海域有偿使用制度、海域监督检查制度等海域管理制度依法实施，为规范用海秩序、合理开发海洋资源、加快海洋经济发展提供了制度保障，有效缓解了海域使用过程中"无序、无度、无偿"状况。海域使用管理法第五条规定："国家建立海域使用管理信息系统，对海域使用状况实施监视、监测"。及时掌握海域使用功能及类型的变化信息，是"强化海洋意识，维护海洋权益，保护海洋生态，开发海洋资源，实施海洋综合管理，促进海洋经济发展""完善海洋功能区划，规范海域使用秩序"等海域管理工作的必要条件。同时，获得海域使用功能及类型随时间变化的信息，也是海洋行政主管部门制定海域使用整体规划和政策、法规的基础依据。

由于长期以来，我国监视监测手段比较落后，难以对海域空间资源、海洋功能区和近年来填海造地等用海项目实施有效监控，海域使用的现状与动态不清，用于海域管理的基础信息匮乏，海域动态评价与决策支持等高层次信息服务更无从谈起。为了有效落实海域监督检查制度，掌握海域使用总体情况和动态变化过程，国家海洋局于2006年启动了"国家海域使用动态监视监测管理系统"的建设和运行，系统采用卫星遥感监测和实时移动监测等方式，对海域使用状况、海洋功能区划执行情况以及海域空间资源等动态要素实施全覆盖、高精度的实时监视监测，以便及时掌握海域使用及其时空动态变化状况，有效使用海域资源，使其发挥最佳利用效益。具体包括：（1）实时、准确获取海域使用信息，保持有关数据的现势性和及时更新，为国家制定海洋经济发展规划、海域资源利用规划等宏观决策提供可靠、准确的依据；（2）对违法或涉嫌违法用海的地区及其他特殊情况进行快速的日常监测，为违法用海查处和突发事件处理提供依据；（3）寻求达到海域使用最佳整体效益的配置方案，以满足和协调国民经济各部门对用海的需求，进一步拉动海洋经济的发展；（4）确定海域持续利用方式，以促进海域资源的保持和利用；（5）建立和完善海域管理的数字化、可视化及网络化的信息表达方式，实现海域使用管理的科学化、信息化和规范化；（6）为涉海公众提供海域使用数据、图件和技术信息，全面服务社会。目前，系统建设已全部完成，并基本建立了国家、省、市三级业务机构，64个节点全部连通，进入业务化运行阶段。经过多年的建设和业务化运行，系统在海域监管方面发挥了积极作用。但关键技术支撑不足阻碍业务化工作正常开展的问题日益凸显。

遥感技术是一种对地观测的新型应用技术，已广泛应用于土地利用、森林监管、灾害监测、气象预报等领域，取得了很好的社会经济与资源环境效果。应用遥感技术开展海域资源及其使用动态监测，是国家海域使用动态监视监测管理系统实现海域动态信息共享和海洋环境状况定量化分析和评价的基本技术，目前主要应用工作包括重点用海类型和方式遥感监测业务化技术、海域使用疑点疑区遥感监测业务化技术、在建用海项目海域使用动态遥感监测业务化技术和海域使用遥感综合评价业务化应用技术等。

第二节　海域使用遥感监测技术现状

20世纪70年代，美国、加拿大、欧共体等地就开始研究海洋自动监测技术，代表性的海洋环境监测系统为全球海洋观测系统 GOOS（Global Ocean Observing System）。GOOS 是一个国际合作系统，是联合国教科文组织政府间海洋学委员会迄今发起的全球性最大、综合性最强的海洋观测系统，其主要任务是应用遥感、海表层和次表层观测等多种技术手段，长期、连续地收集和处理沿海、陆架水域和世界大洋数据，并将观测数据及有关数据产品对世界各国开放，已经完成多个区域的海洋遥感监测系统建设。

我国海洋遥感监测技术目前主要集中在以下三个方面：海洋动力与环境

要素监测、海洋水色监测、海岸带及海岛测绘。其中海洋动力与环境要素监测的主要内容包括海面风场、浪场、流场、潮汐、锋面、海冰形貌等；海洋水色探测通常指海水中叶绿素浓度、悬浮泥沙含量、污染物质、可溶有机物等要素的探测；海岸带遥感测绘包括海岸线及其演变、滩涂和岛礁地形地貌、沿岸工程环境、浅海水深和水下地形、地质构造、植被分布等。目前尚无专门针对海域使用类型和海域使用方式进行的遥感应用研究，而无论海洋功能区划，各类海域使用审批都对海域使用现状及其他用海信息的快速遥感解译提出了越来越高的要求。

国家海洋局 2002 年开始组织建设的海域管理信息系统，涵盖了海洋功能区划、海域使用申请审批、海域使用权登记造册、海域使用权证书发放、海域使用金征收等各项功能。在研究层面，洪建胜介绍了福建省海域使用综合管理信息系统建设和海洋管理信息化清况；林宁等研究了基于 MapObjects 的海域使用时空数据管理的实现；周良勇等提出了基于单机和网络系统的海域管理信息系统建设方案；付元宾等也从技术体系和业务体系两个方面对我国海域使用动态监测系统（Sea area usage Dynamic Monitoring System，简称 SDMS）的构建模式进行了探讨，初步建立了 SDMS 的概念模型。然而由于海域使用监测存在明显不同于海洋环境监测或土地利用监测的复杂性和特殊性，使得我国目前尚未建立有效的可业务化应用的海域使用遥感监测体系。随着空间技术的发展，立足于各类海域使用类型的空间复杂性特征，以即时的高精度卫星遥感影像为基础监测数据，以全球定位系统地面差分定位为补充数据，充分应用地理信息系统的强大空间分析技术，建立针对各类海域使用类型空间特征的信息提取技术，将大大提高我国海域使用监测与评价技术水平。

围填海动态监测是海域使用管理工作的重要内容之一。遥感和地理信息系统技术在围填海领域的应用始于 20 世纪 80 年代，荷兰较早地利用"3S"技术对围填海进行研究。国内外学者在海域使用动态变化监测方面，主要偏重于对海岸变化检测提取方面，从最早的 Roberts 算子（L. G. Roberts，1965）的提出，到阈值分割方法的应用，常用的有神经网络法、区域生长法和基于小波变换的多尺度边缘提取等方法。（Lohani et al，1999）通过对航空专题图进行波段比值，描述出 Holderness 海滩水边线，最后生成岸滩 DEM。Rajesh Karki（2002）结合 GIS 调查了 GUYANA 海岸线的长期时空变化。Margaret M. D'lorio（2003）利用航空遥感和 GIS 对岸线迁移的影响进行了评估。木村典嗣等利用 ALOS 搭载的相控阵型 L 波段合成孔径雷达（PALSAR）对福冈河口附近的筏式养殖场进行解译分析，认为利用 PALSAR 可以识别不同种类的海苔浮筏信息。

在国内，近年来遥感技术已经在海域使用动态监测、海冰识别、海上目标（船只、尾迹）检测等诸多领域开展应用。孙钦邦介绍遥感技术用于海域动态监测的概念与目的，归纳和分析利用多时相遥感影像进行海域使用变化信息发现和提取的方法和技术；韩富伟应用多时相高分辨率遥感影像，利用人机交互式解译方法，进行了辽宁海域使用动态信息提取；宋红等 2004 年利用遥感影像研究了深圳湾填海区土地利用和时空进程；李禹等 2008 年采用遥感主成分分析（PCA）的方法，对厦门市港湾地区的 5 个时间段内填海造地的空间分布信息进行提取，并结合相应阶段的城市发展战略进行分析；汪海洋、潘德炉等提出一种基于方向傅立叶能量谱和支持向量机的水面尾迹纹理自动提取算法，该算法能够准确地提取运动目标产生的尾迹纹理；陈鹏，黄韦艮等提出了一种改进的 CFAR 船只探测算法，指出该算法在探测精度和探测速度上均明显优于改进前的算法。可以看出，国内的研究大多集中于个别地区的海域使用状况调查及分析，研究对象的局限性及特殊性，使监测手段不尽相同。

虽然，目前国内外对海岸线自动检测解译提取做了诸多研究，但对于海岸线向海区域的围海、填海、构筑物用海以及筏式养殖和网箱养殖用海信息的提取还没有专门性针对性的研究，对近岸海域的遥感影像的增强、用海变化信息的检测等尚未形成成熟完善的技术标准。

第三节　海域使用遥感监测技术研究的不足与展望

海域与土地同属国土资源，而与海洋环境又有着密不可分的联系，因此海域使用遥感监测与土地利用遥感监测、海洋环境遥感监测有着很多相似之处。然而，通过多年的实践总结，海域使用遥感监测又具有其自身的显著特点，这主要体现在以下几点。

（1）海域使用是一个立体的空间概念。海域使用的立体性是与水体及底质的三维空间相对应的，用海活动可能位于水表、水体甚至底质中。目前主流的遥感数据只能对水体表面和水表浅层的用海活动（如浮筏养殖）具备一定的辨识能力，而对水体和底质中的用海活动（如沉箱养殖、底播养殖、海底采矿、海底管线等）则几乎没有辨识能力。

（2）海域使用往往没有可见边界，且用海区块间光学特性可能没有明显差异。首先，除了围海、填海等少数用海方式，大多数用海并没有实际可见的边界线，如海上倾废区、港口、航道、海水浴场等，其外围边界只是人为确定的图上界线，并不存在遥感图像上可以辨识的界线标志。其次，由于水体的连通性和流动性，很多用海单元之间的水面光谱特性没有明显差异。例如在利用卫星遥感进行辽宁、河北等省海域使用调查的过程中发现，交通运输、旅游娱乐以及海底工程等用海区域的水面光谱特性基本相同，难以在遥感卫片上进行分区。

（3）面状特征体识别要以线状要素提取为基础。由于不同的海域使用区块间水面光谱特性差异不明显，因此海域使用面状特征体的识别更多需要对边界线的提取来完成，如通过提取坝体完成围海区域的识别，而坝体自身的横向尺度（宽度）远小于围海区域的空间尺度，这就使得海域使用监测对卫星遥感图像的精度要求相对于土地利用监测要更高。如在西藏、新疆、四川等地进行的土地利用调查中，利用25-30米分辨率的 TM 遥感影像可以区分90%-94%的二级类和85%-90%的三级类，基本可以满足土地利用监测的需求，而在辽宁、河北等地的海域使用监测中发现，同样精度的遥感影像只对盐田等水体光学特性差异显著且分布面积广的用海识别良好，而对小面积的围海养殖等其用海识别率则不足40%。

（4）海域使用活动基本都是位于海岸线两侧的一个狭长带状区域内。利用遥感影像对海域使用进行监测时，遥感影像的利用率不高，如果全部采用高精度遥感影像进行全国范围内的海域使用监测，将会造成大量数据和资金的浪费。

虽然遥感技术已在国家海域使用监测中发挥了重要作用，基本实现了对海域空间资源、海域使用现状和海洋功能区等动态要素的全覆盖、高精度实时监测。但鉴于海域使用监测的特殊性，且目前遥感技术应用于海域使用动态监测的研究才刚刚起步，一些关键技术仍需进一步突破与完善，集中表现在：①目前用海是以行业分类，缺乏针对遥感影像的海域使用分类体系以及关于对象分类的基础标准，无法规范用海信息提取，导致海域使用遥感监测成果的不统一。②海域使用遥感影像处理技术不具有针对性，几何校正、影像配准等技术不完善。海岸带遥感影像普遍存在水域面积大、控制点少、环境复杂等特点，而现有的成果及商业软件均是通用性的影像处理方法，缺乏针对海岸带遥感影像的处理模块，在海域动态监测实际工作中的应用难以达到预期效果。③用海信息提取技术不成熟，海域使用遥感监测工作的自动化水平较低，无法实现有效的遥感监测。④海域使用遥感影像数据量大，针对更新频繁的高精、低精、航拍影像，缺乏海量数据的存储技术及多源遥感数据成果的综合集成方法。

上述问题的存在，严重制约了遥感数据利用率和海域监管效率的提高。今后，应加强高空间分辨率数据、高光谱数据、雷达数据、无人机监测数据等多源、多时相、多模态数据在海域使用动态监测的综合运用，并突破传统的基于地物波谱信息的影像处理与分析方法，结合人工神经网络、支持向量机、核学习等影像分类和目标识别方法，研发基于特征单元的遥感信息提取技术，以提高海域使用信息提取的精度和自动化程度。此外，还需进一步推进 3S 技术的综合运用，与 GIS、GPS 融合进行高分辨率遥感影像的海域使用空间格局与判别分析，并基于海量遥感数据进行集群并行处理技术研究与应用，以实现海域遥感监测数据的高效管理与处理。在当前海域开发日益活跃的大背景下，急需解决制约性的技术瓶颈问题，以保障业务系统的正常运转，提升海域使用遥感监测的效率与精度，为国家海域管理提供及时、准确的监测数据。

第二章 海域使用遥感监测 影像处理技术

第一节 中高分辨率遥感影像的几何校正技术

卫星遥感影像几何校正就是利用卫星遥感影像与各种相关图件或实地之间的同一地物点（控制点）建立几何线性变换模型，对卫星遥感影像进行空间位置配准与校正的工作。卫星遥感影像几何校正是遥感影像的变化检测之前必须进行遥感影像处理技术，高空间分辨率卫星遥感影像几何校正一般采用地面控制点（GCP）同名点方式，即在两个时相遥感影像中选择一定数量的相同地物的影像特征点，建立控制方程。GCP 模型法回避传感器成像时的实际几何状态，直接对不同时相的遥感影像进行几何校正，该方法的校正精度依赖于 GCP 精度。典型的 GCP 模型法是遥感影像多项式校正，将遥感影像的总体变形看作是平移、缩放、旋转、偏扭以及更高次的基本变形综合作用结果，校正前后影像相应点之间坐标关系可以用一个适当的多项式来表达。常见的卫星遥感影像几何校正方法有严格物理成像模型、一阶多项式仿射变换、二阶多项式变换（双线性变换、齐次方程）等。

一、严格物理成像模型

由于卫星姿态、高度、速度、地球曲率、地形等因素，造成卫星遥感影像相对地面目标发生几何畸变问题。解决此问题需要利用卫星遥感影像获取信息并在一个规定的坐标系中，进行基于严格物理成像模型的卫星遥感影像几何校正算法构建。算法构建的关键是完成对成像方程中的外方位元元素的反算，其中角元素和线元素是关键的参数，外方位元元素一共有 6 个，3 个角元素 (κ, φ, ω)，3 个线元素 (X_s, Y_s, Z_s)。角元素实质为摄影中心在卫星成像时刻的姿态角，线元素为摄影中心在卫星成像时刻的空间坐标值。对于共线方程求算出各个外方位元元素后就可以完成像素坐标向地理坐标的转换。

建立严格物理成像模型，必须有卫星的星历数据作支撑。在 SPOT5 原始数据中，星历数据保存在 Metadata. dim 文件中。该文件包括数据采样时刻卫星摄影中心的三维坐标信息；三个线元素方向的速度值；采样时刻；卫星姿态的角元素、角元素的变化率；扫描行时间，景中心时刻和侧视角。构建严格物理成像模型前，必须进行成像时刻计算、星历插值计算和卫星姿态插值计算。严格物理成像模型的建立是基于成像过程中坐标系的转换，包括传感器坐标、本体坐标、轨道坐标、CIS、CTS 等坐标系的转换，最后形成推扫式卫星影像的严格物理成像模型。由于摄动影响等因素的存在，可以采用两种方式进行严格物理成像模型的优化，并利用控制点对严格物理成像模型的参数进行调整。

公式 2-1（共线方程）所示为像素坐标与实际地理坐标系的对应关系。若要得到精确地几何定位信息，需要精确反演出成像时刻系统的外方位元元素。

$$\begin{cases} x = -f\dfrac{a_1(X-X_S)+b_1(Y-Y_S)+c_1(Z-Z_S)}{a_3(X-X_S)+b_3(Y-Y_S)+c_3(Z-Z_S)} \\ y = -f\dfrac{a_2(X-X_S)+b_2(Y-Y_S)+c_2(Z-Z_S)}{a_3(X-X_S)+b_3(Y-Y_S)+c_3(Z-Z_S)} \end{cases} \qquad \text{公式（2-1）}$$

影像空间后方交会时姿态中的外方位元元素间（κ, φ, ω; X_s, Y_s, Z_s）有着较强的相关性，可导致最后平差方程出现病态现象（方程组系数阵发生奇异），方程解算精度降低。目前单像空间后方交会法方程病态的解决办法有多种方法，分别是增设虚拟观测方程、合并相关项、岭估计等。采用的是将线元素和角元素分开迭代求解的方法。

法方程的病态原因在于系数阵发生奇异，克服的办法是把导致复共线性的线角元素分开迭代，即一次解算只求解一类元素（与线角迭代顺序无关）。在平差过程中循环使用阈值进行迭代计算。具体平差方程系数矩的建立是将控制点信息带入共线方程（2-1）中，再将列立的方程组进行线性化（离散化），离散化过程相对较为复杂。

选用 N 个控制点，设系数阵为 $\boldsymbol{B}$，外元素采用二阶变率表示。一次迭代过程即为一次平差过程，$\boldsymbol{B}$ 为 4×18 的矩阵，其中外元素表示为：

$$\kappa = \kappa_0 + k\,[\,0\,]\,\times x + k\,[\,6\,]\,\times x^2$$

$$X_s = X_{s0} + k\,[\,3\,]\,\times x + k\,[\,9\,]\,\times x^2$$

$$\varphi = \varphi_0 + k\,[\,1\,]\,\times x + k\,[\,7\,]\,\times x^2$$

$$Y_s = Y_{s0} + k\,[\,4\,]\,\times x + k\,[\,10\,]\,\times x^2$$

$$\omega = \omega_0 + k\,[\,2\,]\,\times x + k\,[\,8\,]\,\times x^2$$

$$Z_s = Z_{s0} + k\,[\,5\,]\,\times x + k\,[\,11\,]\,\times x^2$$

其中 x 为影像平面坐标系中的纵坐标（扫描行数），卫星运动方向定位成 y 轴，旁向扫描方向定位 x 轴，交点为原点 O。

$$X = -Z\frac{\sin\alpha_x[f\cos\omega - (x\sin\kappa + y\cos\kappa)\sin\omega] + \cos\alpha_x(x\cos\kappa - y\sin\kappa)}{\cos\alpha_x[f\cos\omega - (x\sin\kappa + y\cos\kappa)\sin\omega] - \sin\alpha_x(x\cos\kappa - y\sin\kappa)}$$

$$Y = -Z\frac{f\sin\omega + (x\sin\kappa + y\cos\kappa)\cos\omega}{\cos\alpha_x[f\cos\omega - (x\sin\kappa + y\cos\kappa)\sin\omega] - \sin\alpha_x(x\cos\kappa - y\sin\kappa)}$$

公式（2-2）

上述公式经离散化并带入控制点信息后，列出方程组系数阵中有关线元素及其变率的系数如下：

$$\boldsymbol{B}_{2i\times18} = \partial Fx/\partial Xs; \qquad \boldsymbol{B}_{2i\times18+3j} = -\partial Fx/\partial Xs$$

$$\boldsymbol{B}_{2i\times18+1} = \partial Fx/\partial Ys; \qquad \boldsymbol{B}_{2i\times18+3j} = -\partial Fx/\partial X_s$$

$$\boldsymbol{B}_{2i\times18+2} = \partial Fx/\partial Zs; \qquad \boldsymbol{B}_{2i\times18+3j+1} = -\partial Fx/\partial Ys$$

$$\boldsymbol{B}_{(2i+1)\times18} = \partial Fy/\partial X_s; \qquad \boldsymbol{B}_{2i\times18+3j+2} = -\partial Fx/\partial Zs$$

$$\boldsymbol{B}_{(2i+1)\times18+1} = \partial Fy/\partial Ys; \qquad \boldsymbol{B}_{(2i+1)\times18+3j} = -\partial Fy/\partial Xs$$

$$\boldsymbol{B}_{(2i+1)\times18+2} = \partial Fy/\partial Zs; \qquad \boldsymbol{B}_{(2i+1)\times18+3j+1} = -\partial Fy/\partial Ys$$

$$\boldsymbol{B}_{(2i+1)\times18+3j+2} = -\partial Fy/\partial Zs;$$

其中 B 的下标表示其在一维系数矩阵中的位置。$i = 1$，2，3，……，$Nctrl$
角元素系数阵形式上与线元素类似：

$$\boldsymbol{B}_{2i\times18} = \partial F_x/\partial_{\kappa0}; \qquad \boldsymbol{B}_{2i\times18+3j} = -\partial F_x/\partial_{\kappa0}$$

$$\boldsymbol{B}_{2i\times18+1} = \partial F_x/\partial_{\varphi0}; \qquad \boldsymbol{B}_{2i\times18+3j+1} = -\partial F_x/\partial_{\varphi0}$$

$$\boldsymbol{B}_{2i\times18+2} = \partial F_x/\partial_{\omega0}; \qquad \boldsymbol{B}_{2i\times18+3j+2} = -\partial F_x/\partial_{\omega0}$$

$$\boldsymbol{B}_{(2i+1)\times18} = \partial F_y/\partial_{\kappa0}; \qquad \boldsymbol{B}_{(2i+1)\times18+3j} = -\partial F_y/\partial_{\kappa0}$$

$$\boldsymbol{B}_{(2i+1)\times18+1} = \partial F_y/\partial_{\varphi0}; \qquad \boldsymbol{B}_{(2i+1)\times18+3j+1} = -\partial F_y/\partial_{\varphi0}$$

$$\boldsymbol{B}_{(2i+1)\times18+2} = \partial F_y/\partial_{\omega0}; \qquad \boldsymbol{B}_{(2i+1)\times18+3j+2} = -\partial F_y/\partial_{\omega0}$$

其中 $i = 1$，2，3，……，Nctrl

解算过程依据最小二乘原理，其中线、角元素分开求解使得法方程病态得到最大程度的克服，但是本身对迭代初始值要求比较高，需要从文件头中读取相关的姿态元素数据作为迭代计算的初始数据。

二、SPOT5 卫星遥感影像几何校正

以 SPOT5 数据为例，SPOT5 数据头文件给出了成像前后 7～8 个时刻的卫星中心空间位置，因而可以近似采用通过时间进行拉格朗日插值求得成像时刻卫星中心位置作为平差迭代的初始值。

$$P(t) = \sum_{j=1}^{8} \frac{A(t_j) \times \prod_{i=1,\ i \neq j}^{8} (t - t_i)}{\prod_{i=1,\ i \neq j}^{8} (t - t_i)} \qquad 公式（2-3）$$

式中 $A(t_j)$ 为 t_j 时刻卫星在轨的空间位置。

然而，角元素初值的确定若只按时间插值得出的误差会较大，本方法是对角元素的初始值进行优先迭代若干次做为后续迭代的初值，确保角元素得到较大程度的收敛，然后进行线角的分别轮换迭代。三个角元素通过插值得到近似初始迭代值：

$$a_p(t) = a_p(t_i) + (a_p(t_{i+1}) - a_p(t_i)) \times \frac{t - t_i}{t_{i+1} - t_i}$$

$$a_r(t) = a_r(t_i) + (a_r(t_{i+1}) - a_r(t_i)) \times \frac{t - t_i}{t_{i+1} - t_i} \qquad 公式（2-4）$$

$$a_y(t) = a_y(t_i) + (a_y(t_{i+1}) - a_y(t_i)) \times \frac{t - t_i}{t_{i+1} - t_i}$$

基于线角分求的迭代解算的过程如图 2-1 所示。

迭代过程中设置的阈值分别为：角度元素为 $1.0 \times e^{-4}$；线元素为 $1.0 \times e^{-6}$。对于迭代计算过程本文采取先线元素，再角元素的迭代顺序。其中，角元素迭代时对于三个姿态角的迭代顺序的差异对最终结果影响甚微。

基于成像方程计算的 SPOT5 多波段数据几何校正结果见图 2-2。

三、其他高空间分辨率卫星遥感影像几何校正

其他高空间分辨率卫星遥感影像几何校正一般采用 RPC 模型进行卫星遥感影像定位，需要 RPC 参数文件的支持。IKONOS 原始数据文件中的 rpc. txt

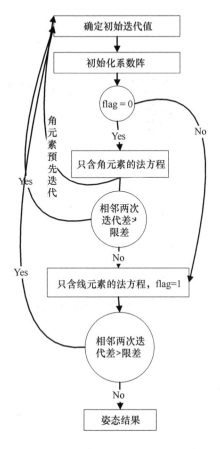

图 2-1 迭代解算姿态参数流程

和 Quickbird2 原始数据文件中 . RPB 文件中包括了上述数据。进行成像时刻计算、星历插值计算和卫星姿态插值计算，产生严格物理成像模型所需的数据。严格物理成像模型的建立，也是基于成像过程中坐标系的转换，包括传感器坐标、本体坐标、轨道坐标、CIS、CTS 等坐标系的转换，最后形成推扫式卫星影像的严格成像模型。IKONOS 数据和 QuickBird2 数据的成像方程解算的几何校正案例如图 2-3、图 2-4、图 2-5 和图 2-6。

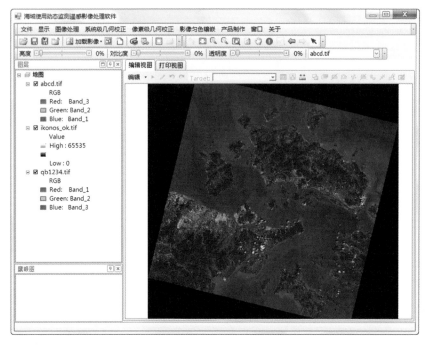

图 2-2　SPOT5 的校正结果

图 2-3　IKONOS 数据　　　图 2-5　QuickBird2 数据　　图 2-8　资源 3 号数据
　　成像几何校正界面　　　　　成像几何校正界面　　　　成像几何校正界面

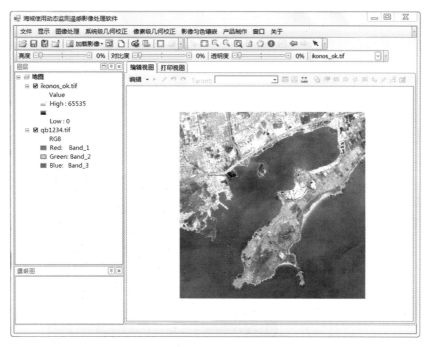

图 2-4　IKONOS 数据的校正结果（青岛海西）

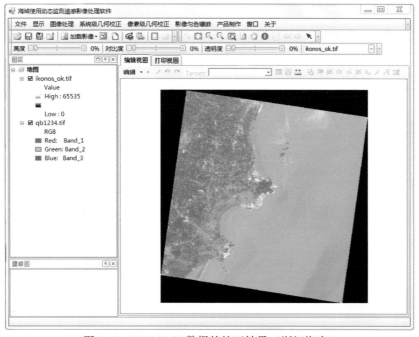

图 2-6　QuickBird2 数据的校正结果（浙江海宁）

环境减灾卫星 CCD 遥感影像的校正结果见图 2-7。资源 3 号卫星遥感影像成像几何校正界面见图 2-8，资源 3 号卫星遥感影像的几何校正结果见图 2-9。

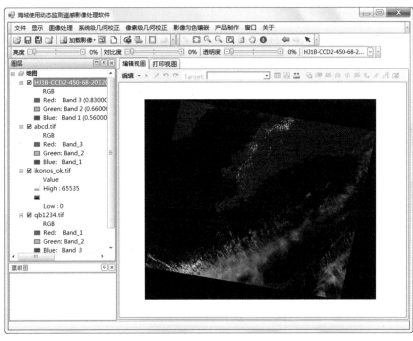

图 2-7　环境卫星 CCD 数据的校正结果（辽宁部分海域）

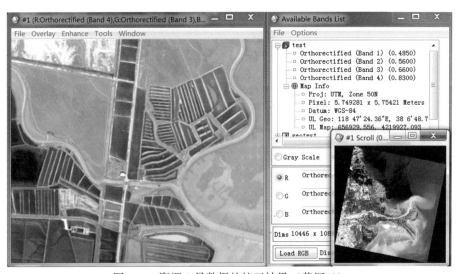

图 2-9　资源 3 号数据的校正结果（黄河口）

第二节　光学卫星遥感影像自动匹配技术

遥感影像匹配是指在两幅或多幅遥感影像之间寻找同名像素点的过程，它是从遥感影像上启动自动提取地物三维空间信息的关键技术之一，已被广泛应用于摄影测量、遥感监测等领域。遥感影像匹配结果的优劣直接影响后续遥感产品的质量。对于多重影像覆盖的区域或者基于控制点影像库的不用来源遥感影像的联合处理，遥感影像自动匹配技术是提高遥感影像几何校正精度与作业效率的关键技术。近年来，高空间分辨率卫星遥感影像自动匹配技术发展较快，主要有基于 SIFT 特征的遥感影像自动匹配技术、基于RANSAC 算法的遥感影像自动匹配技术、基于 RFM 的遥感影像自动匹配技术、基于空间关系的遥感影像自动匹配技术等。

一、基于 SIFT 特征的遥感影像自动匹配技术

SIFT 算法由 D. G. Lowe 1999 年提出，2004 年完善总结。后来 Y. Ke 将其描述子部分用 PCA 代替直方图的方式，对其进行改进。SIFT 算法是一种提取局部特征的算法，在尺度空间寻找极值点，提取位置，尺度，旋转不变量。

该算法的主要步骤包括：检测尺度空间极值点、精确定位极值点、为每个关键点指定方向参数、关键点描述子的生成。

1. 尺度空间的生成

尺度空间理论目的是模拟影像数据的多尺度特征。高斯卷积核是实现尺度变换的唯一线性核，于是一幅二维图像的尺度空间定义为：

$$L(x, y, \sigma) = G(x, y\sigma) * I(x, y) \qquad 公式（2-5）$$

其中 $G(x, y, \sigma)$ 是尺度可变高斯函数，

$$G(x, y, \sigma) = \frac{1}{2\pi\sigma^2} e^{-(x^2+y^2)}/2\sigma^2 \qquad 公式（2-6）$$

(x, y) 是空间坐标，σ 是尺度坐标。

为了有效的在尺度空间检测到稳定的关键点，提出高斯差分尺度空间（DOG scale-space）。高斯差分尺度空间是利用不同尺度的高斯差分核与图像卷积生成。

$$D(x, y, \sigma) = (G(x, y, k\sigma) - G(x, y, \sigma)) * I(x, y)$$
$$= L(x, y, k\sigma) - L(x, y, \sigma)$$

公式（2-7）

DOG 算子计算简单，是尺度归一化的 LOG 算子的近似。

影像金字塔的构建：影像金字塔共 O 组，每组有 S 层，下一组的影像由上一组影像降采样得到。

为了寻找尺度空间的极值点，每一个采样点要和它所有的相邻点比较，看其是否比它的影像域和尺度域的相邻点大或者小。中间的检测点和它同尺度的 8 个相邻点和上下相邻尺度对应的 9×2 个点共 26 个点比较，以确保在尺度空间和二维影像空间都检测到极值点。

2. 构建尺度空间需确定的参数

构建尺度空间需确定的参数包括：σ-尺度空间坐标；O-octave 坐标；S-sub-level 坐标。σ 和 O、S 的关系为：

$$\sigma(O, S) = \sigma_0 2^{o+s/S}, O \in O_{min} + [0, \cdots, O-1], S \in [0, \cdots, S-1]$$

式中，σ_0 是基准层尺度。O 是 octave 坐标，S 是 sub-level 坐标。注：octaves 的索引可能是负的。第一组索引常常设为 0 或者-1，当设为-1 的时候，影像在计算高斯尺度空间前先扩大一倍。

空间坐标 x 是组 octave 的函数，设 x_0 是 0 组的空间坐标，则

$$x = 2^o x_0, o \in Z, x_0 \in [0, \cdots, N_0-1] \times [0, \cdots, M_0-1]$$

公式（2-8）

如果 (M_0, N_0) 是基础组 o=0 的分辨率，则其他组的分辨率由下式获得：

$$N_0 = \left(\frac{N_0}{2^o}\right), M_0 = \left(\frac{M_0}{2^o}\right) \qquad 公式（2-9）$$

注：在 Lowe 的文章中，Lowe 使用了如下的参数：

$$\sigma_n = 0.5, \sigma_0 = 1.6 \cdot 2^{1/S}, o_{min} = -1, S = 3$$

在组 o=-1，影像用双线性插值扩大一倍（对于扩大的图像 $\sigma_n = 1$）。

3. 精确确定极值点位置

通过拟和三维二次函数以精确确定关键点的位置和尺度（达到亚像素精度），同时去除低对比度的关键点和不稳定的边缘响应点（因为 DOG 算子会产生较强的边缘响应），以增强匹配稳定性、提高抗噪声能力。

4. 边缘响应的去除

一个定义不好的高斯差分算子的极值在横跨边缘的地方有较大的主曲率，

而在垂直边缘的方向有较小的主曲率。主曲率通过一个 2x2 的 Hessian 矩阵 $\boldsymbol{H}$ 求出：

$$\boldsymbol{H} = \begin{bmatrix} D_{xx} & D_{xy} \\ D_{xy} & D_{yy} \end{bmatrix} \qquad \text{公式 (2-10)}$$

导数由采样点相邻差估计得到。

D 的主曲率和 $\boldsymbol{H}$ 的特征值成正比，令 α 为最大特征值，β 为最小的特征值，则：

$$\text{Tr} \ (\boldsymbol{H}) = D_x x + D_{yy} = \alpha + \beta,$$

$$\text{Det} \ (\boldsymbol{H}) = D_{xx} D_{yy} - (D_{xy})^2 = \alpha\beta. \qquad \text{公式 (2-11)}$$

令 $\alpha = \gamma\beta$，则：

$$\frac{\text{Tr} \ (\boldsymbol{H})^2}{\text{Det} \ (\boldsymbol{H})} = \frac{(\alpha+\beta)^2}{\alpha\beta} = \frac{(r\beta+\beta)^2}{r\beta^2} = \frac{(r+1)^2}{r}, \qquad \text{公式 (2-12)}$$

$(r+1)^2/r$ 的值在两个特征值相等的时候最小，随着 r 的增大而增大，因此，为了检测主曲率是否在某域值 r 下，只需检测

$$\frac{\text{Tr} \ (\boldsymbol{H})^2}{\text{Det} \ (\boldsymbol{H})} < \frac{(r+1)^2}{r}. \qquad \text{公式 (2-13)}$$

在 Lowe 的文章中，取 $r = 10$。

5. 关键点方向分配

利用关键点邻域像素的梯度方向分布特性为每个关键点指定方向参数，使算子具备旋转不变性。

$$m(x, y) = \sqrt{(L(x+1, y) - L(x-1, y)^2) + (L(x, y+1) - L(x, y-1))^2}$$

$$\theta(x, y) = \text{atan2}((L(x, y+1) - L(x, y-1))/(L(x+1, y) - L(x-1, y)))$$

$$\text{公式 (2-14)}$$

上式为 (x, y) 处梯度的模值和方向公式。其中 L 所用的尺度为每个关键点各自所在的尺度。

在实际计算时，在以关键点为中心的邻域窗口内采样，并用直方图统计邻域像素的梯度方向。梯度直方图的范围是 0~360 度，其中每 10 度一个柱，总共 36 个柱。直方图的峰值则代表了该关键点处邻域梯度的主方向，即作为该关键点的方向。图 2-10 是采用 7 个柱时使用梯度直方图为关键点确定主方向的示例。

在梯度方向直方图中，当存在另一个相当于主峰值 80% 能量的峰值时，则将这个方向认为是该关键点的辅方向。一个关键点可能会被指定具有多个

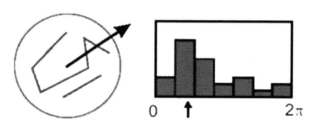

图 2-10　由梯度方向直方图确定主梯度方向

方向（一个主方向，一个以上辅方向），这可以增强匹配的鲁棒性。

　　至此，图像的关键点已检测完毕，每个关键点有三个信息：位置、所处尺度、方向，由此可以确定一个 SIFT 特征区域。

6. 特征点描述子生成

　　首先将坐标轴旋转为关键点的方向，以确保旋转不变性。

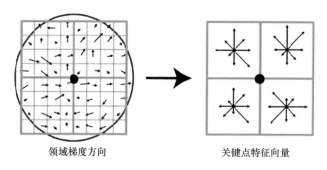

领域梯度方向　　　　　　　关键点特征向量

图 2-11　由关键点邻域梯度信息生成特征向量

　　接下来以关键点为中心取 8×8 的窗口。图 2-11 左部分的中央黑点为当前关键点的位置，每个小格代表关键点邻域所在尺度空间的一个像素，箭头方向代表该像素的梯度方向，箭头长度代表梯度模值，图中蓝色的圈代表高斯加权的范围（越靠近关键点的像素梯度方向信息贡献越大）。然后在每 4×4 的小块上计算 8 个方向的梯度方向直方图，绘制每个梯度方向的累加值，即可形成一个种子点，如图 2-11 右部分所示。此图中一个关键点由 2×2 共 4 个种子点组成，每个种子点有 8 个方向向量信息。这种邻域方向性信息联合的思想增强了算法抗噪声的能力，同时对于含有定位误差的特征匹配也提供了较好的容错性。

实际计算过程中，为了增强匹配的稳健性，Lowe 建议对每个关键点使用 4×4 共 16 个种子点来描述，这样对于一个关键点就可以产生 128 个数据，即最终形成 128 维的 SIFT 特征向量。此时 SIFT 特征向量已经去除了尺度变化、旋转等几何变形因素的影响，再继续将特征向量的长度归一化，则可以进一步去除光照变化的影响。

SPOT5 全色数据图上特征点的提取见图 2-12，基于不变量的特征点匹配见图 2-13，基于不变量的特征点匹配见图 2-14。

图 2-12　SPOT5 全色数据图上特征点的提取

二、基于 RANSAC 算法的遥感影像自动匹配技术

RANSAC 是 "RANdom SAmple Consensus（随机抽样一致）" 的缩写。它可以从一组包含 "局外点" 的观测数据集中，通过迭代方式估计数学模型的参数。它是一种不确定的算法——它有一定的概率得出一个合理的结果；为了提高概率必须提高迭代次数。该算法最早由 Fischler 和 Bolles 于 1981 年提出。

RANSAC 基本思想描述如下：

（1）考虑一个最小抽样集的势为 n 的模型（n 为初始化模型参数所需的

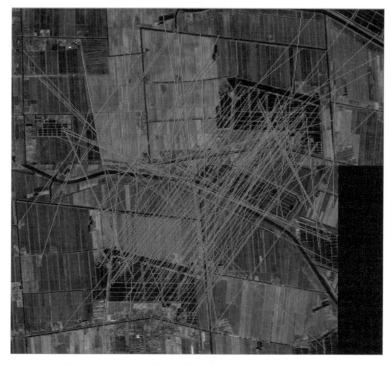

图 2-13　基于不变量的特征点匹配（SPOT5，上海）

最小样本数）和一个样本集 P，集合 P 的样本数大于 n，从 P 中随机抽取包含 n 个样本的 P 的子集 S 初始化模型 M。

（2）余集 SC 中与模型 M 的误差小于某一设定阈值 t 的样本集以及 S 构成 S^*。S^* 认为是内点集，它们构成 S 的一致集（Consensus Set）。

（3）集合 S^* 的样本数大于等于 N，认为得到正确的模型参数，并利用集 S^*（内点）采用最小二乘等方法重新计算新的模型 M^*；重新随机抽取新的 S，重复以上过程。

（4）在完成一定的抽样次数后，若为找到一致集则算法失败，否则选取抽样后得到的最大一致集判断内外点，算法结束。

由上可知存在两个可能的算法优化策略，①如果在选取子集 S 时可以根据某些已知的样本特性等采用特定的选取方案或有约束的随机选取来代替原来的完全随机选取；②当通过一致集 S^* 计算出模型 M^* 后，可以将 P 中所有与模型 M^* 的误差小于 t 的样本加入 S^*，然后重新计算 M^*。

RANSAC 算法包括了 3 个输入的参数：①判断样本是否满足模型的误差

图 2-14　基于不变量的特征点匹配（SPOT5，舟山）

容忍度 t，t 可以看作为对内点噪声均方差的假设，对于不同的输入数据需要采用人工干预的方式预设合适的门限，且该参数对 RANSAC 性能有很大的影响；②随机抽取样本集 S 的次数。该参数直接影响 SC 中样本参与模型参数的检验次数，从而影响算法的效率，因为大部分随机抽样都受到外点的影响；③表征得到正确模型时，一致集 S* 的大小 N。为了确保得到表征数据集 P 的正确模型，一般要求一致集足够大；另外，足够多的一致样本使得重新估计的模型参数更精确。

　　RANSAC 的基本设定：①数据由"局内点"组成，例如：数据的分布可以用一些模型参数来解释。②"局外点"是不能适应该模型的数据。③除此之外的数据属于噪声。局外点产生的原因有：噪声的极值；错误的测量方法；

对数据的错误假设。RANSAC 也做了以下假设：给定一组（通常很小的）局内点，存在一个可以估计模型参数的过程；而该模型能够解释或者适用于局内点。

RANSAC 算法的输入是一组观测数据，一个可以解释或者适应于观测数据的参数化模型，一些可信的参数。RANSAC 通过反复选择数据中的一组随机子集来达成目标。被选取的子集被假设为局内点，并用下述方法进行验证：

①有一个模型适应于假设的局内点，即所有的未知参数都能从假设的局内点计算得出。②用①中得到的模型去测试所有的其他数据，如果某个点适用于估计的模型，认为它也是局内点。③如果有足够多的点被归类为假设的局内点，那么估计的模型就足够合理。④然后，用所有假设的局内点去重新估计模型，因为它仅仅被初始的假设局内点估计过。⑤最后，通过估计局内点与模型的错误率来评估模型。这个过程被重复执行固定的次数，每次产生的模型要么因为局内点太少而被舍弃，要么因为比现有的模型更好而被选用。

参数 t 和 d 是根据特定的问题和数据集通过实验来确定，参数 k（迭代次数）可以从理论结果推断。当估计模型参数时，用 p 表示一些迭代过程中从数据集内随机选取出的点均为局内点的概率，此时结果模型很可能有用，因此 p 也表征了算法产生有用结果的概率。用 w 表示每次从数据集中选取一个局内点的概率，如下式所示：

$$w = 局内点的数目 / 数据集的数目 \qquad 公式（2-15）$$

通常情况下，我们事先并不知道 w 的值，但是可以给出一些鲁棒的值。假设估计模型需要选定 n 个点，w^n 是所有 n 个点均为局内点的概率；$1-w^n$ 是 n 个点中至少有一个点为局外点的概率，此时表明从数据集中估计出了一个不好的模型。$(1-w^n)^k$ 表示算法永远都不会选择到 n 个点均为局内点的概率，它和 $1-p$ 相同。因此，

$$1-p = (1-w^n)^k \qquad 公式（2-16）$$

对上式的两边取对数，得出

$$k = \frac{\log(1-p)}{\log(1-u^n)} \qquad 公式（2-17）$$

值得注意的是，这个结果假设 n 个点都是独立选择的；也就是说，某个点被选定之后，它可能会被后续的迭代过程重复选定到。这种方法通常都不

合理，由此推导出的 k 值被看作是选取不重复点的上限。例如，要从上图中的数据集寻找适合的直线，RANSAC 算法通常在每次迭代时选取 2 个点，计算通过这两点的直线 maybe_ model，要求这两点必须唯一。

为了得到更可信的参数，标准偏差或它的乘积可以被加到 k 上。k 的标准偏差定义为：

$$SD(k) = \frac{\sqrt{1 - w^n}}{w^n}$$
公式（2-18）

RANSAC 算法在 SPOT5 全色数据上的应用如图 2-15，图中的所有匹配线段由 SIFT 算法提取和匹配，蓝线经 RANSAC 分析后的匹配线段。

应用 RANSAC 后特征点匹配的比较见图 2-15，基于 RANSAC 的 SIFT 算法应用见图 2-16。

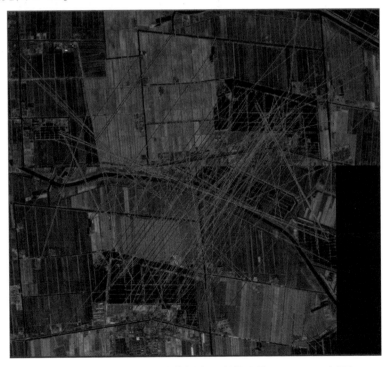

图 2-15　应用 RANSAC 后特征点匹配的比较（SPOT5，上海）

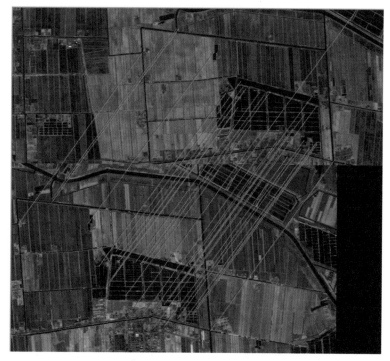

图 2-16　基于 RANSAC 的 SIFT 算法应用（SPOT5，上海）

第三节　遥感影像镶嵌技术

由于一景遥感影像只能覆盖地表区域的某一范围，要想覆盖全部感兴趣/监测（调查）区域，就需要将多景遥感影像无缝拼接成一幅完整的图像，于是遥感影像镶嵌技术因为需要而发展起来。目前，遥感影像镶嵌技术主要有基于 GraphCut 算法的拼接线计算技术、基于高斯-拉普拉斯 PyramidBlending 去接缝算法技术、基于小波变换的拼接缝消除算法技术、重叠区域补偿均衡算法技术等，本节主要介绍基于 GraphCut 算法的拼接线计算技术和基于高斯-拉普拉斯 PyramidBlending 去接缝算法技术。

一、基于 GraphCut 算法的遥感影像拼接线计算技术

采用 GraphCut 算法获取拼接线，结合拉普拉斯金字塔融合算法实现渐进羽化算法，提供实用的影像接缝线智能提取和无缝处理功能。Graph cuts 是一

种十分有用和流行的能量优化算法，在计算机视觉领域普遍应用于前背景分割（Image segmentation）、立体视觉（stereo vision）、抠图（Image matting）等。通常最小割和最大流问题的解决算法可以区分为两类，一类是基于 Tarjan 和 Goldberg 提出的 push-relabel 策略，一类是基于 Ford 和 Fulkerson 提出的步增路径（augmenting paths）策略。Boykov 和 Kolmogorov 基于步增路径的策略提出了一个解决最小割和最大流问题的改良算法。

　　此类方法把图像分割问题与图的最小割（min cut）问题相关联。首先用一个无向图 G=<V，E>表示要分割的图像，V 和 E 分别是顶点（vertex）和边（edge）的集合。此处的 Graph 和普通的 Graph 稍有不同。普通的图由顶点和边构成，如果边有方向，这样的图被则称为有向图，否则为无向图，且边是有权值的，不同的边可以有不同的权值，分别代表不同的物理意义。而 Graph Cuts 图是在普通图的基础上多了 2 个顶点，这 2 个顶点分别用符号"S"和"T"表示，统称为终端顶点。其他所有的顶点都必须和这 2 个顶点相连形成边集合中的一部分。所以 Graph Cuts 中有两种顶点，也有两种边。

　　第一种顶点和边：第一种普通顶点对应于图像中的每个像素。每两个邻域顶点（对应于图像中每两个邻域像素）的连接就是一条边，这种边也叫 n-links。

　　第二种顶点和边：除影像像素外，还有另外两个终端顶点，叫 S（source：源点，取源头之意）和 T（sink：汇点，取汇聚之意）。每个普通顶点和这 2 个终端顶点之间都有连接，组成第二种边，这种边也叫 t-links。

　　图 2-17 就是一个影像对应的 s-t 图，每个像素对应图中的一个相应顶点，另外还有 s 和 t 两个顶点。图中有两种边，实线的边表示每两个邻域普通顶点连接的边 n-links，虚线的边表示每个普通顶点与 s 和 t 连接的边 t-links。在前后景分割中，s 一般表示前景目标，t 一般表示背景。

　　图 2-17 中每条边都有一个非负的权值 w_e，也可以理解为 cost（代价或者费用）。一个 cut（割）就是图中边集合 E 的一个子集 C，那这个割的 cost（表示为 | C |）就是边子集 C 的所有边的权值总和。

　　Graph Cuts 中的 Cuts 是指这样一个边的集合，很显然这些边集合包括了上面 2 种边，该集合中所有边的断开会导致残留"S"和"T"图的分开，所以就称为"割"。如果一个割，它的边所有权值之和最小，那么这个就称为最小割，也就是图割的结果。而福特-富克森定理表明，网络的最大流 max flow 与最小割 min cut 相等。所以由 Boykov 和 Kolmogorov 发明的 max-flow/min-cut

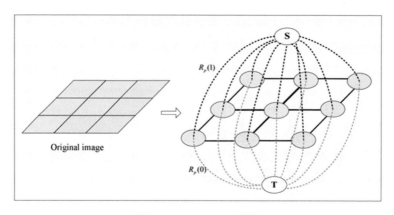

图 2-17　GraphCut 示意

算法就可以用来获得 s-t 图的最小割。这个最小割把图的顶点划分为两个不相交的子集 S 和 T，其中 s∈S，t∈T 和 S∪T＝V。这两个子集就对应于影像的前景像素集和背景像素集，那就相当于完成了影像分割。

影像分割可以看成 pixel labeling（像素标记）问题，目标（s-node）的 label 设为 1，背景（t-node）的 label 设为 0，这个过程可以通过最小化图割来最小化能量函数得到。那很明显，发生在目标和背景的边界处的 cut 就是我们想要的（相当于把影像中背景和目标连接的地方割开，那就相当于把其分割了）。同时，这时候能量也应该是最小的。假设整幅影像的标签 label（每个像素的 label）为 L＝{11，12，… lp}，其中 li 为 0（背景）或者 1（目标）。那假设影像的分割为 L 时，影像的能量可以表示为：

$$E（L）=aR（L）+B（L）　　　　　　公式（2-19）$$

式中，R（L）为区域项（regional term），B（L）为边界项（boundary term），而 a 就是区域项和边界项之间的重要因子，决定它们对能量的影响大小。如果 a 为 0，那么就只考虑边界因素，不考虑区域因素。E（L）表示的是权值，即损失函数，也叫能量函数，图割的目标就是优化能量函数使其值达到最小。

也就是说图中边的权值就决定了最后的分割结果，那么这些边的权值怎么确定呢？

（1）区域项。

在公式 $R(L) = \sum_{p \in P} R_p(l_p)$ 中，R_p（l_p）表示为像素 p 分配标签 l_p 的惩罚，R_p（l_p）能量项的权值可以通过比较像素 p 的灰度和给定的目标和前景的灰度直方图来获得，换句话说就是像素 p 属于标签 l_p 的概率，如果希望像素 p 分配为其概率最大的标签 l_p，这时候能量最小，所以一般取概率的负对数值，故 t-link 的权值如下：

$$R_p（1）= -\ln Pr（I_p \mid 'obj'）；R_p（0）= -\ln Pr（I_p \mid 'bkg'）$$

公式（2-20）

由上面两个公式可以看到，当像素 p 的灰度值属于目标的概率 $Pr（I_p \mid 'obj'）$ 大于背景 $Pr（I_p \mid 'bkg'）$，那么 $R_p（1）$ 就小于 $R_p（0）$，也就是说当像素 p 更有可能属于目标时，将 p 归类为目标就会使能量 R（L）小。那么，如果全部的像素都被正确划分为目标或者背景，那么这时候能量就是最小的。

（2）边界项。

公式 $B(L) = \sum_{\{P,q\} \in N} B_{<P,q>} \cdot \delta(l_p, l_q)^-$，$\delta(l_p, l_q) = \begin{cases} 0, & if\ l_p = l_q \\ 1, & if\ l_p \neq l_q, \end{cases}$ $B_{<P,q>} \propto exp\left(\dfrac{(I_P - I_q)^2}{2\sigma^2}\right)$ 中，p 和 q 为邻域像素，边界平滑项主要体现分割 L 的边界属性，$B_{<p,q>}$ 可以解析为像素 p 和 q 之间不连续的惩罚，一般来说如果 p 和 q 越相似（例如它们的灰度），那么 $B_{<p,q>}$ 越大，如果他们非常不同，那么 $B_{<p,q>}$ 就接近于 0。换句话说，如果两邻域像素差别很小，那么它属于同一个目标或者同一背景的可能性就很大，如果他们的差别很大，那说明这两个像素很有可能处于目标和背景的边缘部分，则被分割开的可能性比较大，所以当两邻域像素差别越大，$B_{<p,q>}$ 越小，即能量越小。

将一幅影像分为目标和背景两个不相交的部分，我们运用图分割技术来实现。首先，图由顶点和边来组成，边有权值。那我们需要构建一个图，这个图有两类顶点，两类边和两类权值。普通顶点由图像每个像素组成，然后每两个邻域像素之间存在一条边，它的权值由上面说的"边界平滑能量项"来决定。还有两个终端顶点 s（目标）和 t（背景），每个普通顶点和 s 都存在连接，也就是边，边的权值由"区域能量项"$R_p（1）$ 来决定，每个普通顶点和 t 连接的边的权值由"区域能量项"$R_p（0）$ 来决定。这样所有边的权值就可以确定了，也就是图就确定了。这时候，就可以通过 min cut 算法来找到最小的割，这个 min cut 就是权值和最小的边的集合，这些边的断开恰好可以使目标和背景被分割开，也就是 min cut 对应于能量的最小化。而 min cut 和图的 max flow 是等效的，故可以通过 max flow 算法来找到 s-t 图的 min cut。目前的算法主要有：

1）Goldberg-Tarjan；

2）Ford-Fulkerson；

3）上述两种方法的改进算法。

（3）权值。

edge	weight (cost)	for
$\{p,q\}$	$B_{\{p,q\}}$	$\{p,q\} \in \mathcal{N}$
$\{p,S\}$	$\lambda \cdot R_p(\text{"bkg"})$	$p \in \mathcal{P},\ p \notin \mathcal{O} \cup \mathcal{B}$
	K	$p \in \mathcal{O}$
	0	$p \in \mathcal{B}$
$\{p,T\}$	$\lambda \cdot R_p(\text{"obj"})$	$p \in \mathcal{P},\ p \notin \mathcal{O} \cup \mathcal{B}$
	0	$p \in \mathcal{O}$
	K	$p \in \mathcal{B}$

Graph cut 的 3×3 图像分割示意图：如果取两个种子点（就是人为的指定分别属于目标和背景的两个像素点），然后建立一个图，图中边的粗细表示对应权值的大小，然后找到权值和最小的边的组合，也就是（c）中的 cut，即完成了图像分割的功能。基于 GraphCut 的拼接线获取算法见图 2-18。

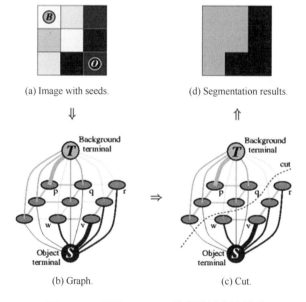

(a) Image with seeds.　　　　　　(d) Segmentation results.

(b) Graph.　　　　　　(c) Cut.

图 2-18　基于 GraphCut 的拼接线获取算法

（4）算法结果。

基于 GraphCut 算法的卫星遥感影像拼接线获取案例见图 2-19。

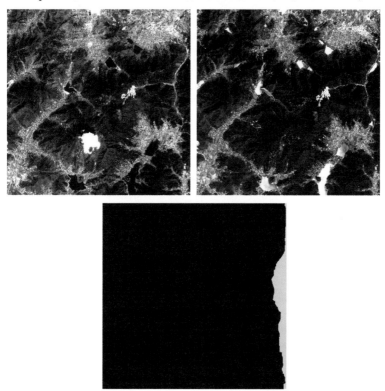

图 2-19 基于 GraphCut 算法的卫星遥感影像拼接线获取案例

二、基于高斯-拉普拉斯 PyramidBlending 去接缝算法技术

一般的线性变换通过将一幅影像乘以 transform 函数分成不同的 components。离散傅里叶变换、离散余弦变换、奇异值分解和小波变换都以拉普拉斯金字塔和其他将采样变换为简单基础。真实数字影像包括一系列物体和特征（不同 scales、orientation 和角度下的 lines, shapes, patterns, edges）the simple process for a pyramid with an arbitrary number of levels：平滑影像->将影像进行下采样（常取采样率 r=2）而获得，同样的操作反复做，金字塔层数逐渐上升，空间采样密度逐渐下降。（如图 2-20）这个多维表示就像一个金字塔，其中 fi 表示图像，li 表示低通滤波结果，hi 表示高通滤波结果。li / hi 通过将影像与高通/低通滤波器卷积而得。

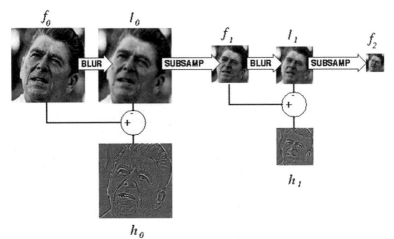

图 2-20 空间多维信息采集

与之相反，金字塔重建通过上采样获得图 2-21。

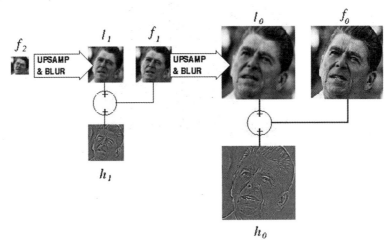

图 2-21 金字塔重建过程空间多维信息采集

以影像金字塔为基础的双边滤波器是一个影像细节增强和操作的很好的框架。影像融合（Image Blending）过程如下：

（1）建立两幅影像的拉普拉斯金字塔。

（2）求高斯金字塔（掩膜金字塔-为了拼接左右两幅影像）。

（3）进行拼接 blendLapPyrs（）；在每一层上将左右 laplacian 影像直接拼起来得结果金字塔 resultLapPyr。

（4）重建影像：从最高层结果图。

第四节　遥感影像匀色技术

遥感影像获取过程中，由于时间、光照、以及地物属性等因素的影像，使遥感影像内部或者遥感影像间出现亮度、反差分布不均匀等现象。直接影响了遥感影像后续处理以及最终生成的正射遥感影像图的质量。遥感影像匀色技术就是为解决遥感影像色彩差异问题而提出的，目的是获得清晰、色调一致、亮度均匀、反差适当，满足人们视觉系统主观评价的遥感影像图。遥感影像匀色是生产无缝影像数据库必不可少的技术环节。目前主要遥感影像匀色技术有基于 Wallis 滤波器的匀光算法、基于 MASK 原理的差值法匀光算法、直方图匹配法、同态滤波匀光算法等。李德仁等提出的基于 Wallis 滤波器的匀光法具有很好扩展性和可塑性。因此，本节以 Wallis 滤波匀光算法为基础，针对海岸带区域制图研究适合、完整的自动化程度高的匀光算法，建立有效、实用的应用解决方案（图 2-22）。

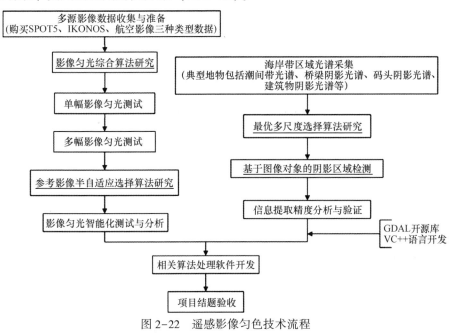

图 2-22　遥感影像匀色技术流程

一、遥感影像匀光综合算法

卫星遥感影像匀光质量受主观影响大，大量的实验表明，在保证影像色调一致的前提下，变换前后的影像差异越小越好。为了描述影像匀光的质量，引入 LAB 色彩空间，它是直接从 CIE XYZ 彩色模型发展而来，能很好描述人眼的视觉效果。

海岸带环境复杂，很难有一种通用算法。海岸带影像间往往色彩差异大，为了保证匀光算法的适用性，本研究经过前期多次试验，考虑以 Wallis 匀光算法为基础，并结合多种特色匀光算法，建立一套适合海岸带区域的卫星遥感影像匀光综合算法。匀光效果判别标准见下式，其中 δ^2 为影像光谱方差。

$$\Delta^2_{总色差} = \Delta^2_{色度差A} + \Delta^2_{明度差} + \Delta^2_{色度差B}$$

$$|\Delta_{匀光前} - \Delta_{匀光后}| < T$$

$$Min\,(\,|\,\delta^2_{匀光前} - \delta^2_{匀光后}\,|\,) \qquad\qquad 公式（2-21）$$

考虑 Wallis 匀光算法参数（包括乘系数、加系数和窗口大小）选择困难，本课题通过人工选择训练区，应用遗传算法，建立影像匀光适应度函数，通过最小匹配值确定最佳匀光参数（图 2-23）。

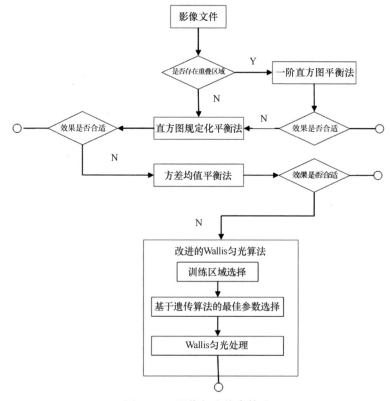

图 2-23 影像匀光综合算法

二、参考影像半自适应选择算法

参考影像选择不同，匀光效果不一样。同一幅影像不同区域，选择同一参考影像，由于地物不同，匀光后色彩信息仍然存在差异，有时甚至差别很大。因此参考影像的选择应依据地物内容（如参考影像内容以水体为主，则待处理影像内容以水体为主匀光效果甚佳，反之待处理影像以植被为主匀光效果差）。

基于四叉树的影像分块和 SVM 分类算法对待匀光影像进行基于内容的分类，然后选择相应的参考子影像进行匀光（图 2-24）。

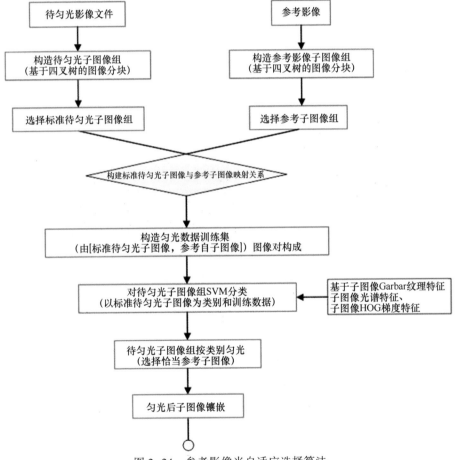

图 2-24　参考影像半自适应选择算法

基于影像内容分类而不直接进行影像地物类别分类是考虑到：①地物类别分类的复杂度和准确性，②在保证影像色调一致的前提下，变换前后的影像差异越小越好的实践经验和原则。

为保证软件质量，采用以下自主研发的新技术：

（1）影像匀光综合算法。

以 Wallis 滤波匀光法为基础，引入色差理论，运用模式识别的方法，建立一套综合的匀光算法，特别针对海岸带区域环境复杂、颜色差异大的区域，提升匀光算法的有效性和适用性。

（2）参考影像半自适应选择算法。

基于内容的影像分块与分类，建立匀光中参考影像半自适应选择算法，提高匀光处理的自动化程度，增强处理效果。

（3）接缝线智能提取与无缝处理。

综合色差理论，经典 Canny 边缘检测算法，改进的渐进羽化算法，提供实用的影像接缝线智能提取和无缝处理功能。

以上述技术在黑龙江省鹤岗市三维场景制作应用为例说明。图 2-25a 为拼接后鹤岗市影像全景图（处理前）；图 2-25b 为匀光处理后在三维平台中鹤岗市影像全景效果（处理后）；图 2-25c 为匀光处理后鹤岗市影像细节效果。海岸带遥感影像镶嵌匀色算法的示范效果见图 2-26。

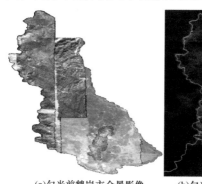
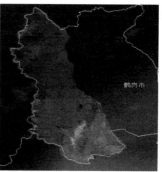

(a)匀光前鹤岗市全景影像   (b)匀光后三维系统中的全景影像

(c)匀光后鹤岗市城区细部影像

图 2-25　陆地遥感影像镶嵌匀色算法的示范效果

图 2-26　海岸带遥感影像镶嵌匀色算法的示范效果（浙江省海岸带）

第五节　海域使用遥感监测影像处理软件开发

为了方便快捷地对批量海域使用遥感监测影像数据进行技术预处理，本节在前几节遥感影像处理技术的基础上开发了海域使用遥感监测影像处理软件。海域使用遥感监测影像处理软件采用 C#开发语言，基于 ArcGIS 和 ENVI 二次开发函数，开发了具有遥感影像处理能力及矢量数据编辑能力的海域使用遥感监测影像处理软件平台，主界面见图 2-27。

一、主要软件开发环境

（1）操作系统：Windows XP professional 2002 service park 3。

（2）数据库：Oracle 10g。

（3）开发环境：Visual studio 2008 team C++/C#。

（4）控件库：DXperience 8. 2. 4。

（5）地理信息系统：ArcGIS 10. 0 + AE。

（6）遥感图像处理平台：ENVI 4. 8 + IDL。

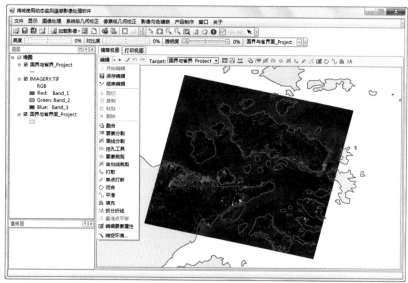

图 2-27　基于 ArcGIS 和 ENVI 二次开发的海域使用动态监测遥感影像处理软件主界面

二、软件主界面

主要包括："菜单"、工具栏、影像显示控制栏、图层窗口、鹰眼窗口、主显示窗口，主显示窗口包括编辑视图和打印视图。

三、菜单功能

主要包括：文件、显示、图像处理、系统级几何校正、像素级几何校正、影像匀色镶嵌、产品制作、窗口和关于。

四、工具栏

主要包括：遥感影像与矢量数据操作、显示主窗口操作、遥感影像显示调整、数据编辑界面操作以及制图界面操作。

五、软件主要功能

主要包括：文件管理、视图显示、图层管理、遥感数据增强、遥感数据融合、类别定义、样本选择、影像分类、遥感数据非监督分类、遥感图像分割处理、系统级几何校正、像素级几何校正、影像匀色镶嵌、栅格数据矢量化、编辑控制、图素选择、图素编辑、查询分析、模板管理、符号化、产品整饰、产品输出。

六、软件关键过程描述

1. 文件管理各功能间关系

文件管理数据流程见图 2-28，系统设置的逻辑流程见图 2-29。

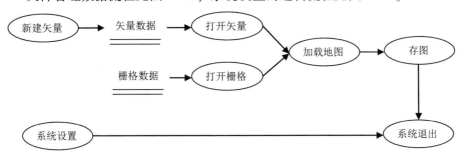

图 2-28 文件管理数据流图

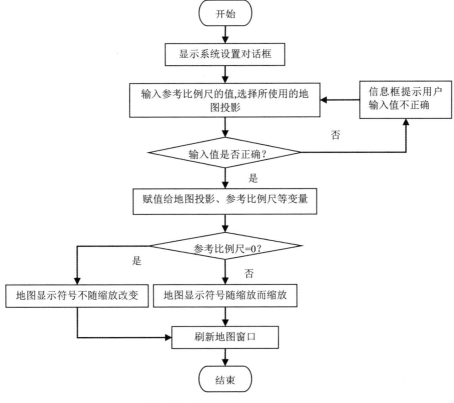

图 2-29 系统设置的逻辑流程图

2. 遥感数据处理各功能间关系

遥感影像增强技术流程见图 2-30，遥感影像融合技术流程见图 2-31，遥感影像分类的技术流程见图 2-32。

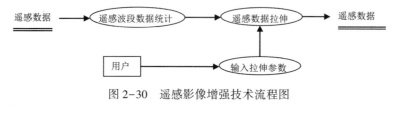

图 2-30　遥感影像增强技术流程图

图 2-31　遥感影像融合技术流程图

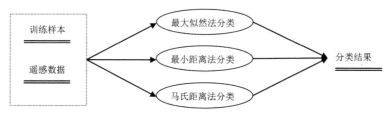

图 2-32　遥感影像分类的技术流程图

3. 矢量数据编辑各功能间关系

编辑控制的技术流程见图 2-33，开始编辑的逻辑流程见图 2-34，停止编辑的逻辑流程见图 2-35，保存编辑的逻辑流程见图 2-36，图素选择的技术流程见图 2-37，图素编辑的技术流程见图 2-38。

图 2-33　编辑控制的技术流程图

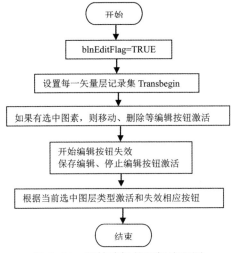

图 2-34 开始编辑的逻辑流程图

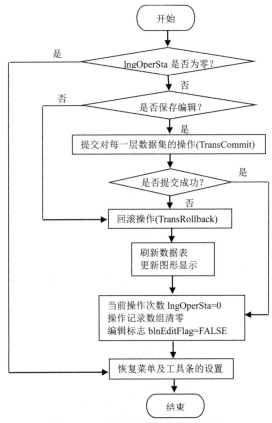

图 2-35 停止编辑的逻辑流程图

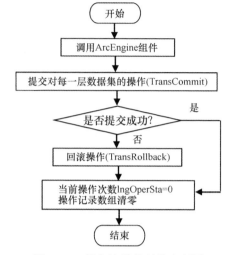

图 2-36　保存编辑的逻辑流程图

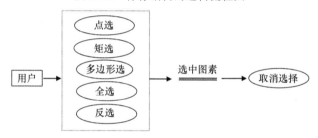

图 2-37　图素选择的技术流程图

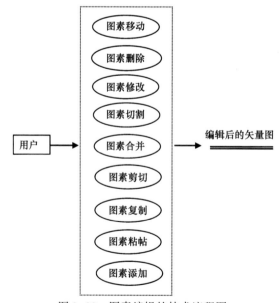

图 2-38　图素编辑的技术流程图

本章小结

在利用遥感影像进行海域使用信息提取之前，需对遥感影像进行预处理，主要包括几何校正、配准、镶嵌匀色等。大多几何校正算法中，控制点的数量严重影响着遥感影像的校正精度。相对于陆地遥感影像，海岸带遥感数据具有区域特殊性，影像中水体面积占很大比例，海岛又以无居民海岛为主。无论是基岩海岸还是大面积的滩涂、水面，都不是遥感影像中控制点选择的合适区域。如何以较少的控制点数量达到较高几何校正精度存在一定的技术难度。此外，海岸带动态环境，如潮汐带来潮间带区域干湿变化，风场、流场和潮汐作用下的海面环境变化，反映在遥感数据中为动态变化较大的波段灰度值，这种变化使得海岸带遥感数据大面积图像拼接中存在较为明显的色差，为影像的镶嵌匀色带来一定的困难。

本章主要针对海岸带遥感影像特点，介绍了中高分辨率遥感图像的几何校正技术、光学卫星遥感图像间的自动匹配和镶嵌匀色技术，并基于面向对象技术介绍了图像对象层的遥感影像信息处理技术，最后集成这些技术，开发了海域使用动态监测遥感影像处理软件。

第三章 海域使用遥感监测分类技术

第一节 海域使用遥感影像样本采集

遥感手段能够识别的是用海地物，并不能直接识别海域用途，对海域使用类型和方式等的界定，主要靠推断，推断的依据是用海地物与用海类型和方式之间的关联性。例如：要判定某项用海活动是否为渔业基础设施用海时，必须确认该基础设施是否为渔业用途，但遥感手段探测到的是堤坝、码头等基础设施的形态，并不能直接反应海域用途。为此需要根据现实用海的一般场景模式，推断堤坝、码头等组成的用海单元是否为渔港或养殖取水口。基于以上认识，海域使用遥感目标分为三个层次：一是用海地物，是真正由遥感影像直接监测得到的；二是用海方式，是由用海地物的形态和布局呈现出来的；三是海域用途，是根据用海地物结合其他知识推断得出的。因此，样本采集和光谱测量的对象应是遥感能够监测到的各类用海方式的用海地物。

一、用海方式遥感影像可视性分析

《海域使用分类》（HY/T 123-2009）给出了目前常见的用海方式，但这些用海方式并不能都被目前采用的遥感影像所"发现"。基于"国家海域动态监视监测管理系统"中的数据源及遥感监测能力分析如下。

（1）目前系统的遥感业务化主要采用光学遥感资料，穿透水体能力有限，海域使用遥感判别主要为浮出水面及水中接近水面的用海地物。

（2）能够定期实现全面覆盖的高清遥感影像的分辨率在 2.5~5 m，海域使用遥感判别主要针对宽度大于 2.5 m 的用海地物。

基于以上两点，对《海域使用分类》中的用海方式的遥感影像可视性做了分析，结果如表 3-1 所列。

表 3-1　用海方式的遥感影像可视性分析

一级方式	二级方式	遥感可视性分析	说明
填海造地	建设填海造地	可视	含沿岸填海造地、人工岛
	农业填海造地	可视	近年基本没有
	废弃物处置填海造地	可视	目前实际数量很少
构筑物	非透水构筑物	较大尺度的构筑物可视	
	跨海桥梁、海底隧道	跨海桥梁可视	
	透水构筑物	较大尺度的出水构筑物可视	
围海	港池、蓄水	合抱式港池、蓄水可视	
	盐田	可视	
	围海养殖	可视	
开放式	开放式养殖	连片浮筏、网箱、渔排可视	
	浴场	沙滩可视	沙滩归为自然地物
	游乐场	尺度小，基本不可视	
	专用航道、锚地及其他开放式	无边界、无较大设施，不可视	
其他方式	人工岛式油气开采	可视	按用海特征可归入填海造地
	平台式油气开采	可视	
	海底电缆管道	不可视	
	海砂等矿产开采	船舶可视	不作为固定用海设施
	取、排水口	较大型堤坝可视	按用海特征归入构筑物
	污水达标排放	不可视	
	倾倒	不可视	
	防护林种植	可视	植被归为自然地物

在表 3-1 中，剔除以下用海方式：①遥感不可视；②实际数量很少；③基本属于自然地物状态。同时，把其他方式中具有与填海造地、构筑物相同特征的方式归入填海造地和构筑物方式。结合各用海类型涉及的海洋工程建设内容，可得到遥感影像可视的用海方式和工程列表（表 3-2）。

表 3-2　遥感影像可视的用海方式和工程

一级方式	二级方式	主要用海工程
填海造地	建设填海造地	围堰
		填海形成陆域
	废弃物处置填海造地	围堰
		废弃物处置场
构筑物	非透水构筑物	道路
		堤坝
		重力式码头
		干船坞
	跨海桥梁	跨海大桥
		栈桥
	透水构筑物	桩基码头
		平台
		栈道
		墩座
围海	港池、蓄水	围堰
	盐田	围堰
		田埂通道
		制卤池
		结晶池
	围海养殖	围堰
		隔堤
		养殖池塘
开放式	开放式养殖	浮筏
		网箱
		渔排
		渔排房屋

二、海域使用遥感监测地物类型

遥感监测直接发现的是含有用海工程的用海方式，但从表 3-2 中的主要用海工程列举中可以看出，几种用海方式具有相同的工程形式，如填海造地、围海中均有堤坝、围堰工程，需要进一步归类。同时，从构筑物用海方式的主要用海工程看，透水构筑物、非透水构筑物和跨海桥梁三种二级用海方式不能很好反映构筑物的特征，有必要按构筑物特征和现实中存在的普遍性进行适当拆分。为此，对各类别做以下调整。

（1）因数量众多，特征基本相同，且与其他地物区别明显，在构筑物方式中专门拆分出"堤坝"类用海方式，并将原非透水构筑物方式中的堤坝，与建设填海造地、废弃物处置填海造地、盐田、围海养殖以及港池、蓄水重点围堰，归集到"堤坝"类用海方式。

（2）因数量众多，影像特征基本相同，且与其他地物区别明显，在构筑物方式中专门拆分出"码头"类用海方式。

（3）因路边、桥面影像特征相似性大，将跨海桥梁和非透水构筑物中的道路，归集成"道路桥梁"类用海方式。

（4）原港池、蓄水方式因围堰已归入"堤坝"类用海方式，而被撤销。

经过以上调整，实际归纳的遥感监测用海方式仍为 9 个二级类，见表3-3，海域使用遥感影像样本采集和光谱测量主要针对这些用海方式展开。

表 3-3　遥感监测用海方式与《海域使用分类》用海方式对应关系

《海域使用分类》用海方式		主要用海工程	对应关系	遥感监测用海方式	
一级	二级			二级	一级
填海造地	建设填海造地	围堰		建设填海造地	填海造地
		填海形成陆域			
	废弃物处置填海造地	围堰		废弃物处置填海造地	
		废弃物处置场			
构筑物	非透水构筑物	道路		堤坝	构筑物
		堤坝			
		重力式码头			
		干船坞			
	跨海桥梁	跨海大桥		道路桥梁	
		栈桥			
	透水构筑物	桩基码头		码头	
		平台		其他构筑物	
		栈道			
		墩座			
围海	港池、蓄水	围堰			围海
	盐田	围堰		盐田	
		田埂通道			
		制卤池			
		结晶池			
	围海养殖	围堰		围海养殖	
		隔堤			
		养殖池塘			
开放式	开放式养殖	浮筏		开放式养殖	开放式
		网箱			
		渔排			
		渔排房屋			

说明：⇨ 表示直接对应。　→ 表示因特征相近归并后对应。

三、海域使用遥感监测样本采集

海域使用遥感影像样本采集和光谱测量按照表3-3的地物分类展开。由于废弃物处置填海造地的实际数量很少，虽然可以作为光谱测量样地，但不宜单独作为遥感影像样本采集的类型。因此，海域使用遥感影像样本采集时，对填海造地类地物没有细分建设填海造地和废弃物处置填海造地。实施样本采集和光谱测量的遥感监测用海方式类型见表3-4：

表3-4　实施样本采集和光谱测量的遥感监测用海方式

实施光谱测量的用海方式	实施样本采集的用海方式
建设填海造地	填海造地
弃物处置填海造地	
堤坝	堤坝
道路桥梁	道路桥梁
码头	码头
其他构筑物	其他构筑物
盐田	盐田
围海养殖	围海养殖
开放式养殖	开放式养殖

海域使用遥感影像样本采集覆盖我国沿海全部省市，在遥感影像可视的海域使用遥感监测对象中，按以下原则遴选样本。

首先，考虑海域使用方式的典型性，即常见方式，有代表性。

其次，要求海域使用的基本属性清楚，须经过地方管理部门核实或现场查勘核实。

最后，考虑区域特点，用海密集区域，按类型遴选；用海稀疏区域，按空间距离遴选。

以国家海域动态监视监测管理系统影像库中分辨率为2.5~5 m的遥感影像为例，同时收集分辨率优于1 m的更高分辨率影像用以辅助资料进行样本采集，各类海域使用类型的遥感影像样本示见表3-5~表3-15。

表 3-5 渔业基础设施用海影像样本示例

编号	JS_ 073	
影像文件名	RE3100_ 033110_ 130813A0_ JS _ 073. tif	
星源	Rapid Eye	
时相	20130813	
用海类型	渔业基础设施用海	
主要用海地物	沿岸造地	
编号	HB_ 024	
影像文件名	st1302_ 226162_ 131120a0_ HB _ 024. tif	
星源	Spot-5／Spot-6	
时相	20131120	
用海类型	渔业基础设施用海	
主要用海地物	堤坝	
编号	ZJ_ 165	
影像文件名	st3310_ 204205_ 130710a1_ ZJ _ 165. tif	
星源	Spot-5／Spot-6	
时相	20130710	
用海类型	渔业基础设施用海	
主要用海地物	码头	
编号	SD_ 224	
影像文件名	ZY3207_ 125294_ 130402A0_ SD _ 224. tif	
星源	资源 3 号卫星	
时相	20130402	
用海类型	渔业基础设施用海	
主要用海地物	堤坝、码头	

表 3-6   围海养殖用海影像样本示例

编号	HB_ 028	
影像文件名	re1302_ 034930_ 120616a0_ HB _ 028. tif	
星源	Rapid Eye	
时相	20120616	
用海类型	围海养殖用海	
主要用海地物	围割水面	
编号	SD_ 138	
影像文件名	zy3706_ 428241_ 131026a0_ SD _ 138. tif	
星源	资源 3 号卫星	
时相	20131026	
用海类型	围海养殖用海	
主要用海地物	围割水面	
编号	LN_ 065	
影像文件名	zy2102_ 405314_ 131011a0_ LN _ 065. tif	
星源	资源 3 号卫星	
时相	20131011	
用海类型	围海养殖用海	
主要用海地物	围割水面	
编号	SD_ 055	
影像文件名	zy3706_ 433531_ 131011a0_ SD _ 055. tif	
星源	资源 3 号卫星	
时相	20131011	
用海类型	围海养殖用海	
主要用海地物	围割水面	

表 3-7　开放式养殖用海影像样本示例

编号	SD_ 104	
影像文件名	st3710 _ 295275 _ 120925a0 _ SD _ 104. tif	
星源	Spot-5 / Spot-6	
时相	20120925	
用海类型	开放式养殖用海	
主要用海地物	浮筏	
编号	FJ_ 018	
影像文件名	st3509 _ 217121 _ 130307a0 _ FJ _ 018. tif	
星源	Spot-5 / Spot-6	
时相	20130307	
用海类型	开放式养殖用海	
主要用海地物	浮筏	
编号	FJ_ 059	
影像文件名	st3509 _ 217121 _ 130307a1 _ FJ _ 059. tif	
星源	Spot-5 / Spot-6	
时相	20130307	
用海类型	开放式养殖用海	
主要用海地物	网箱	
编号	FJ_ 045	
影像文件名	st3509 _ 295296 _ 110329a0 _ FJ _ 045. tif	
星源	Spot-5 / Spot-6	
时相	20110329	
用海类型	开放式养殖用海	
主要用海地物	网箱、浮式房屋	

表 3-8　盐业用海影像样本示例

编号	HB_ 037	
影像文件名	re1200_ 040806_ 120703a0_ HB _ 037. tif	
星源	Rapid Eye	
时相	20120703	
用海类型	盐业用海	
主要用海地物	围割水面	
编号	FJ_ 206	
影像文件名	st3505_ 217584_ 130307a2_ FJ _ 206. tif	
星源	Spot-5／Spot-6	
时相	20130307	
用海类型	盐业用海	
主要用海地物	围割水面	
编号	SD_ 023	
影像文件名	st3707_ 241087_ 130501a0_ SD _ 023. tif	
星源	Spot-5/Spot-6	
时相	20130501	
用海类型	盐业用海	
主要用海地物	围割水面	
编号	SD_ 081	
影像文件名	zy3707_ 580285_ 120501a0_ SD _ 018. tif	
星源	资源 3 号卫星	
时相	20120501	
用海类型	盐业用海	
主要用海地物	围割水面	

表 3-9 油气开采用海影像样本示例

编号	HB_ 035	
影像文件名	re1200_ 040806_ 120703a0_ HB_ 035. tif	
星源	Rapid Eye	
时相	20120703	
用海类型	油气开采用海	
主要用海地物	道路、人工岛	
编号	SD_ 011	
影像文件名	zy3705_ 287359_ 130724a0_ SD_ 011. tif	
星源	资源 3 号卫星	
时相	20130724	
用海类型	油气开采用海	
主要用海地物	人工岛、道路	
编号	LN_ 084	
影像文件名	zy2111_ 263260_ 130705a0_ LN_ 084. tif	
星源	资源 3 号卫星	
时相	20130705	
用海类型	油气开采用海	
主要用海地物	人工岛、道路	
编号	LN_ 080	
影像文件名	zy2111_ 433523_ 131011a0_ LN_ 080. tif	
星源	资源 3 号卫星	
时相	20131011	
用海类型	油气开采用海	
主要用海地物	道路、人工岛	

表 3-10　船舶工业用海影像样本示例

编号	LN_ 138	
影像文件名	re2102 _ 034209 _ 120521a0 _ LN _ 138. tif	
星源	Rapid Eye	
时相	20120521	
用海类型	船舶工业用海	
主要用海地物	船坞	
编号	SD_ 090	
影像文件名	st3710 _ 295275 _ 120925a0 _ SD _ 090. tif	
星源	Spot-5 / Spot-6	
时相	20120925	
用海类型	船舶工业用海	
主要用海地物	船舶、码头	
编号	ZJ_ 032	
影像文件名	st3302 _ 209501 _ 130512a2 _ ZJ _ 032. tif	
星源	Spot-5/Spot-6	
时相	20130512	
用海类型	船舶工业用海	
主要用海地物	船舶、码头	
编号	ZJ_ 061	
影像文件名	st3302 _ 209501 _ 130512a3 _ ZJ _ 061. tif	
星源	Spot-5/Spot-6	
时相	20130512	
用海类型	船舶工业用海	
主要用海地物	船舶	

表 3-11　电力工业用海影像样本示例

编号	GD_ 071	
影像文件名	th4403_ 878165_ 130910a0_ GD _ 071. tif	
星源	天绘一号卫星	
时相	20130910	
用海类型	电力工业用海	
主要用海地物	堤坝	
编号	GD_ 029	
影像文件名	zy4405_ 388032_ 131001a0_ GD _ 029. tif	
星源	资源 3 号卫星	
时相	20131001	
用海类型	电力工业用海	
主要用海地物	堤坝	
编号	JS_ 065	
影像文件名	ZY3209_ 147210_ 130417A0_ JS _ 065. tif	
星源	资源 3 号卫星	
时相	20130417	
用海类型	电力工业用海	
主要用海地物	墩座	
编号	ZJ_ 104	
影像文件名	zy3302_ 466172_ 131120a0_ ZJ _ 104. tif	
星源	资源 3 号卫星	
时相	20131120	
用海类型	电力工业用海	
主要用海地物	船舶、码头	

表 3-12　港口用海影像样本示例

编号	SH_ 036	
影像文件名	TH3100_ 866143_ 130402A0_ SH _ 036. tif	
星源	天绘一号卫星	
时相	20130402	
用海类型	港口用海	
主要用海地物	码头	
编号	LN_ 022	
影像文件名	zy2102_ 428234_ 131026a0_ LN _ 022. tif	
星源	资源 3 号卫星	
时相	20131026	
用海类型	港口用海	
主要用海地物	堤坝	
编号	HB_ 012	
影像文件名	zy1303_ 287356_ 130724a0_ HB _ 012. tif	
星源	资源 3 号卫星	
时相	20130724	
用海类型	港口用海	
主要用海地物	码头	
编号	SD_ 068	
影像文件名	zy3706_ 580269_ 120605a0_ SD _ 068. tif	
星源	资源 3 号卫星	
时相	20120605	
用海类型	港口用海	
主要用海地物	沿岸造地	

表 3-13　路桥用海影像样本示例

编号	GD_ 015	
影像文件名	st4405 _ 255176 _ 130917a0 _ GD _ 015. tif	
星源	Spot-5／Spot-6	
时相	20130917	
用海类型	路桥用海	
主要用海地物	桥梁	
编号	ZJ_ 111	
影像文件名	zy3302 _ 466172 _ 131120a0 _ ZJ _ 111. tif	
星源	资源 3 号卫星	
时相	20131120	
用海类型	路桥用海	
主要用海地物	桥梁	
编号	ZJ_ 205	
影像文件名	zy3303 _ 466176 _ 131120a0 _ ZJ _ 205. tif	
星源	资源 3 号卫星	
时相	20131120	
用海类型	路桥用海	
主要用海地物	墩座、桥梁	
编号	ZJ_ 164	
影像文件名	zy3310 _ 466174 _ 131120a0 _ ZJ _ 164. tif	
星源	资源 3 号卫星	
时相	20131120	
用海类型	路桥用海	
主要用海地物	桥梁	

表 3-14　旅游基础设施用海影像样本示例

编号	GD_ 084	
影像文件名	zy4403 _ 080569 _ 130308a0 _ GD _ 084. tif	
星源	资源 3 号卫星	
时相	20130308	
用海类型	旅游基础设施用海	
主要用海地物	沙滩	
编号	SD_ 065	
影像文件名	zy3706 _ 232394 _ 130615a0 _ SD _ 065. tif	
星源	资源 3 号卫星	
时相	20130615	
用海类型	旅游基础设施用海	
主要用海地物	海上建筑物	
编号	HN_ 025	
影像文件名	zy4602 _ 441716 _ 131103a0 _ HN _ 025. tif	
星源	资源 3 号卫星	
时相	20131103	
用海类型	旅游基础设施用海	
主要用海地物	海上建筑物	
编号	LN_ 088	
影像文件名	zy2107 _ 483921 _ 131129a0 _ LN _ 088. tif	
星源	资源 3 号卫星	
时相	20131129	
用海类型	旅游基础设施用海	
主要用海地物	堤坝、围割水面	

表 3-15　城镇建设填海造地用海影像样本示例

编号	JS_ 091	
影像文件名	ZY3206_ 288999_ 130720A0_ JS _ 091. tif	
星源	资源 3 号卫星	
时相	20130720	
用海类型	城镇建设填海造地用海	
主要用海地物	围割滩地	
编号	JS_ 010	
影像文件名	zy3207_ 238749_ 130620a0_ JS _ 010. tif	
星源	资源 3 号卫星	
时相	20130620	
用海类型	城镇建设填海造地用海	
主要用海地物	沿岸造地	
编号	SD_ 183	
影像文件名	zy3702_ 307995_ 130808a0_ SD _ 183. tif	
星源	资源 3 号卫星	
时相	20130808	
用海类型	城镇建设填海造地用海	
主要用海地物	沿岸造地	
编号	LN_ 098	
影像文件名	zy2114_ 587377_ 120408a1_ LN _ 098. tif	
星源	资源 3 号卫星	
时相	20120408	
用海类型	城镇建设填海造地用海	
主要用海地物	围割水面	

四、海域使用遥感影像样本数据库

海域使用遥感影像样本数据库主要由遥感影像、影像元数据和典型用海地物样本信息图层构成。

遥感影像主要包括填海造地、渔业用海、盐田、船舶工业、油气开采等能够被遥感识别并判读的用海类型遥感影像样本。

影像元数据主要记录影像编号、影像文件名、数据星源、数据采集日期、波段数等信息。

海域使用遥感影像样本的数据源主要有资源 3 号卫星、SPOT5、SPOT6、天绘一号卫星以及 Rapid Eye 卫星等，其数据以文件管理模式进行存储，再通过镶嵌数据集以目录形式进行组织管理。

海域使用遥感影像样本的元信息，以矢量的属性数据进行记载，具体数据结构如表 3-16 所示。

表 3-16　海域使用样本遥感影像元信息表结构

序号	字段名称	字段说明	字段类型	字段长度	是否为空	是否索引	备注
1	编号	编号	长整型	12	否	是	
2	影像文件名	影像文件名	文本	50	是	否	
3	卫星数据源	卫星数据源	文本	20	是	否	
4	时相	数据采集时间	日期	10	是	否	
5	波段数	波段数	长整型	5	是	是	
6	波段组合	波段组合说明	文本	30	是	是	
7	用海地物	主要用海地物	文本	60	是	否	
8	用海类型	主要用海类型	文本	60	是	否	

典型用海地物样本信息图层主要记录遥感影像图斑中海域使用样本地物所对应的地物类型、用海方式、用海类型、目视鉴别指标、特征测算指标、环境条件等信息。

在实际的海域使用遥感分类体系研究过程中，用海地物、用海方式、用海类型的不同，其空间布局、形态特征是多种多样的，其目视判别指标、影像特征测算指标、环境条件等也随之有所变化。因此，在数据库的属性表结构设计过程中，针对用海样本单元空间数据图层，我们给出相应空间属性表结构设计如表 3-17 所示。

表 3-17 海域使用样本属性信息表结构

序号	字段名称	字段说明	字段类型	字段长度	是否为空	是否索引	备注
1	编号	编号	字符型	12	否	否	
2	地物类型	所属地物类型	字符型	10	是	否	
3	用海类型	用海类型	字符型	30	是	否	
4	用海方式	用海方式	字符型	30	是	否	
5	周围海域	周围自然海域	字符型	10	是	否	
6	环境灰度值	环境灰度比较	字符型	10	是	否	
7	环境颜色值	环境颜色比较	字符型	10	是	否	
8	主方向	主方向	字符型	10	是	否	
9	邻接岸线	邻接岸线情况	整数型	30	是	否	
10	邻接地物	特征邻接地物	字符型	30	是	否	
11	离岸距离	离岸距离	浮点型	18	是	否	
12	长轴长度	长轴长度	浮点型	18	是	否	
13	短轴长度	短轴长度	浮点型	18	是	否	
14	外轮廓面积	外轮廓总面积	浮点型	18	是	否	
15	对象面积	对象面积	浮点型	18	是	否	
16	对象周长	对象周长	浮点型	18	是	否	
17	洞数	洞数	整型	4	是	否	
18	洞面积	洞面积	浮点型	18	是	否	
19	密实度	密实度	浮点型	18	是	否	
20	矩形度	矩形度	浮点型	18	是	否	
21	延伸率	延伸率	浮点型	18	是	否	
22	条形系数	条形系数	浮点型	18	是	否	
23	水体指数	水体指数	浮点型	18	是	否	
24	用海描述	用地地物类型描述	字符型	100	是	否	
25	光谱库索引	检索可能的地物材质光谱	字符型	30	是	否	
26	备注	其他说明	字符型	200	是	否	

第二节 海域使用类型遥感分类光谱测量

光谱数据测量是一项看似简单，实则非常系统、复杂的工作。单一地对准某目标进行光谱测量是容易实现的，但测量的实际价值寡淡。有意义的光谱数据测量应是一项系统工程，对样本的代表性、测量过程的规范性以及质量控制的严谨性都有很高要求。在全面分析我国海域使用类型特征，以及海域使用方式和用海材料特点的基础上，开展针对不同用海地物类型的野外光谱测量。

一、光谱测量对象

光谱测量主要测量样点表面材料的辐射反射比。光谱测量样点选择要根据用海地物的材质、环境条件进行选择，用海地物的常见用海材质见表 3-18。

表 3-18　各类用海地物的常见用海材质

用海地物			常见用海材质												
一级类	二级类	特征物	混凝土	岩石	泥砂	废渣	矿物	沥青	钢铁	竹木	塑料	砖瓦	盐结晶	水体	附生物
填海造地	沿岸造地	初成地面		√	√	√									√
		铺设地面	√	√			√		√		√	√			√
		废弃物处置堆场				√									
	人工岛	初成地面		√	√	√									√
		铺设地面	√	√								√			
构筑物	码头	平台台面	√						√						
		引桥桥面	√						√						
		码头设施							√						
	堤坝	堤坝堤顶	√	√		√									
		堤坝护坡	√	√											√
	道路	道路路面	√	√	√			√							
		道路护坡	√	√											√
	桥梁	跨海大桥	√					√							
		栈桥	√						√	√					
	平台栈道	平台	√						√	√	√				
		栈道								√					
	墩座	桥墩	√						√						
		风机底座	√	√	√										
	船坞	干船坞	√												
		浮船坞							√						
	海上建筑	房顶	√						√			√	√		

续表

用海地物			常见用海材质												
一级类	二级类	特征物	混凝土	岩石	泥砂	废渣	矿物	沥青	钢铁	竹木	塑料	砖瓦	盐结晶	水体	附生物
漂浮物	浮筏	浮漂								√	√				√
	浮筏	养殖混合体								√	√			—	
	网箱	箱体框架							√	√	√				√
	渔排	渔排铺面								√	√				
	浮式房屋	渔排房顶							√	√	√				
	船舶	船舱顶							√		√				
	船舶	甲板							√	√	√				
围割海域	围割水面	盐田制卤池			√									√	√
	围割水面	盐田结晶池									√		√	√	
	围割水面	其他人工水面												√	
	围割水面	隔堤			√							√			
	围割滩地	干出盐田结晶池			√										
	围割滩地	其他人工滩地			√										√
	围割滩地	隔堤			√										

具体选择样点时，首先区分用海材质，其次考虑所处状态，如表面覆盖情况，干湿程度等。样点选择考虑因素见表3-19。

表3-19　光谱测量样点选择考虑因素

测量对象	样点选择考虑因素
混凝土堤坝	区分干湿程度
泥质堤坝	区分干湿程度
网箱箱体	区分材质和干湿程度
筏架	区分材质
养殖水体	区分箱笼、藻类等养殖物，以及出、入水情况
防波堤	区分干湿度、附着物情况
码头	区分混凝土、钢质码头，以及地表粉尘覆盖、涂料情况
堆场（货物）	区分集装箱，出裸的煤、铁矿石、废铁等散货，遮盖物等
栈桥	区分材料，区分地表粉尘覆盖、涂料情况
跨海道路	区分水泥、柏油、砾石、泥质等材质，以及干湿情况

测量对象	样点选择考虑因素
跨海桥梁	区分水泥、柏油等材质，以及干湿情况
制卤池	区分干、湿情况
结晶池	区分生产、闲置，以及覆膜、结盐状况
泥质堤坝	区分干湿程度
木栈道	区分表面涂料、干湿情况
旅游平台	区分材质、涂料、干湿程度
围堰	区分混凝土和抛石围堰，以及干湿程度
成陆区	区分填海质地
吹填区	区分填海质地和干湿程度

二、光谱测量内容

从遥感基础研究和应用对地物光谱特征的描述要求出发，地物光谱一般可以分为材料光谱、端元光谱和遥感像元光谱 3 个尺度。其中，材料光谱是指在实验室内严格控制条件下测量的地物样品的光谱，如农作物的叶片、矿物样品、水样等的光谱；端元光谱为测量地物比遥感像元尺寸小、在野外测量的相对均一的地物目标的光谱，如用海设施和水体、土壤背景的光谱；像元光谱是在遥感影像尺度上观测目标的光谱。

在进行海域使用光谱测量时，选择材质相对均匀的典型用海地物开展光谱测量，所得光谱定位在端元光谱。

三、光谱测量方法

根据光谱测量沿岸地理条件和用海地物特点，将光谱测量时间集中在每年 5 月—9 月，具体现场作业要求如下。

1. 现场环境要求

（1）太阳高度角：不小于 50°。

（2）测量时间（地方时）：10:00—14:00。

（3）地面能见度：不小于 10 km。

（4）天气与云量：天气晴朗。太阳周围 90 度立体角内，淡积云小于 2%，无卷云、浓积云，光照稳定。

（5）风力：小于4级。

（6）通视：目标物周围通视条件良好，高度角10度以上无遮挡物，附近无运动物体。

2. 测量者站位与着装要求

测量者应着无强反射的暗色衣物，测量者及探头应正对太阳射来方向，前面不能有其他人员或地物遮挡，不能有明显地移动。

3. 现场作业要点

（1）严格按照仪器使用说明和光谱测量操作程序要求使用仪器。

（2）测杆水平架设，其轴线与天顶方向保持垂直，垂直偏差小于1%。现场有条件的应尽量用三脚架固定测杆。

（3）标准参考板水平放置，倾斜角<1°。

（4）按仪器光学视场调整探头高度，使测量面积满足充满视场的要求。

（5）用同一量程测量参考板和地物，应针对地物反射比强弱，选择参考灰板和白板。

（6）保证目标物和白板在相同的光照条件和环境状态下测定，每组测量在1—2分钟内完成。

（7）原则上每个样点应采集5组光谱数据，每次采集前均应做黑板和白板校正。

在本研究中，经评估合格的光谱测量数据供488组，对应各类用海方式的数量见表3-20。

表3-20　各类用海方式的光谱数据数量

实施光谱测量的用海方式	光谱数据数量（组）
建设填海造地	62
弃物处置填海造地	52
堤坝	53
道路桥梁	56
码头	52
其他构筑物	53
盐田	53
围海养殖	55
开放式养殖	52
合计	488

四、典型用海地物光谱数据信息库

典型用海地物光谱数据信息库主要记录通过现场实测手段获得的包括填海造地、码头、道路桥梁、堤坝、围海养殖、开放式养殖、盐田、碱渣场以及其他用海地物等典型地物、材质的光谱反射率、地物描述、材质以及测量时间、地点等信息。

地物光谱反射数据表，采用一组两列二维表结构，如表 3-21 所示。

表 3-21　用海地物光谱反射数据表结构

序号	字段名称	字段说明	字段类型	字段长度	是否为空	是否索引	备注
1	编号	编号	字符型	12	否	否	
2	波长	光谱波长值	浮点型	10	是	否	
3	反射率	反射率值	浮点型	10	是	否	

用海地物光谱信息检索表，主要存储光谱反射数据名、现场实物照片路径、测量时间、地点、材质、地物描述等，其表结构如表 3-22 所示。

表 3-22　用海地物光谱信息检索数据表结构

序号	字段名称	字段说明	字段类型	字段长度	是否为空	是否索引	备注
1	表名	光谱数据表名	字符型	12	否	是	
2	一级类代码	一级类代码	字符型	4	是	否	
3	特征地物一级类	特征地物一级类名	字符型	20	是	否	
4	特征地物二级类	特征地物二级类名	字符型	20	是	否	
5	特征地物三级类	特征地物三级类名	字符型	20	是	否	
6	地物材质	地物材质	字符型	50	是	否	
7	地物信息描述	地物信息描述	字符型	100	是	否	
8	测量时间	测量时间	日期型	10	是	否	
9	测量日期	测量日期	日期型	10	是	否	
10	测量地点	测量地点	字符型	50	是	否	
11	实物照片	现场实物照片路径	字符型	100	是	否	
11	备注说明	备注说明	字符型	100	是	否	

第三节　海域使用遥感影像特征和光谱特征分析

人类用海活动所形成的海上人造地物以及占用、改造的海上自然地物，即"用海地物"，因与周围环境存在光谱特性差异，会在遥感影像中表现成具有不同象元值的图斑。目前，我国的海域使用类型是根据海域用途划分的，而遥感影像中反映的是用海地物的分布，不能直接判别海域用途，从而需要根据海域使用的遥感影像特征和光谱特征进行用海地物分析。

一、海域使用遥感影像特征分析

利用遥感影像进行海域使用分类时，人们可以直接进行目视解译，根据图斑的大小、形状、结构、布局及与周围地物的空间位置关系等，运用对海域使用平面布置、方式的相关经验知识，识别和区分不同的用海地物，推断海域使用类型。同时，可借助遥感影像处理系统，量测这些图斑的影像特征，如各通道象元值及比较值、合成影像颜色、形状、大小、阴影、纹理、图案、位置和布局等，按照基于经验知识建立的规则，判断用海地物类型，在此基础上再根据各类海域使用在平面布置、方式上的一般规律，推断海域使用类型。

根据以上原理，确定海域使用样本特征为三类：海域使用目视解译特征、面向对象的计算机分类影像特征、用海环境特征。样本特征分析和归纳的技术路线见图3-1。

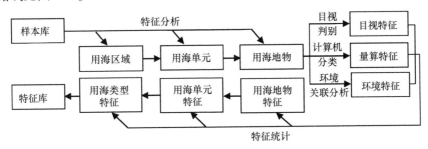

图 3-1　样本特征分析和归纳的技术路线

1. 海域使用目视解译特征分析

先是考虑光学遥感影像的特点以及人类的视觉注意机制进行指标初选，

然后再依据多人参加的目视判别实验做进一步的指标筛选，最终确定的用海地物目视判别指标。目前确定的用海地物目视判别指标构成见表 3-23。

表 3-23　用海地物目视判别指标

对象特征	指标	指标性质
地理环境	区域位置	定性
地物形式	颜色；形状；内部结构	定性
	方向；尺寸	半定量
相邻关系	邻近性；邻接性；闭合性	定性

2. 面向对象的计算机分类影像特征分析

主要参照 eCognition、ENVI 等软件中面向对象分类的空间属性参数，结合遥感监测的业务流程，以统计的方式总结了海域使用各组成部分影像空间特征，初步形成面向对象的海域使用遥感分类影像特征组合与知识库，供遥感分类试验。具体过程是，先是按照面向对象的计算机遥感分类思路，梳理出常用的影像特征指标，然后针对用海地物分类体系中的各类地物，通过面向对象的遥感分类实验，遴选出实际发挥关键作用的指标，最终确定的用海地物影像特征测算指标。目前确定的用海地物影像特征测算指标构成见表 3-24。

表 3-24　用海地物影像特征测算指标

对象特征		指标
光谱特征	波段灰度	波段平均灰度；波段灰度方差
	波段灰度比值	NDWI（归一化水体指数）
几何特征	大小	周长；外轮廓总面积；对象面积；洞面积；长轴长度；短轴长度
	分布	主方向
	形状	圆度；矩形度；延伸率；条形系数；洞数；密实度

3. 用海环境特征分析

先整理各用海样本的环境条件，然后进行关联度分析，遴选与海域使用类型有较强关联性的环境指标，目前确定的环境特征指标构成见表 3-25。

表 3-25　用海环境指标

用海环境	指标	指标性质
自然状况	平均水深、离岸距离	定量
	海岸底质	定性
开发状况	周围临海地物、周围海域使用类型、周围用海方式、周围用海地物	定性

二、海域使用光谱特征分析

地物光谱特性主要决定于地物的理化性质和环境条件，它主要与地物表层的材质、状态和所处环境有关。海域使用类型对应海域的用途，海域使用方式对应用海地物的工程和结构形式。因此地物光谱特性与海域使用类型和海域使用方式之间没有绝对的一一对应关系，但不同的海域使用类型和海域使用方式在用海材料的选择上有一定的范围，这对海域使用遥感判别有指导意义。

经过大量的光谱测量数据分析显示，同类用海地物可能采用多种材质，用海地物的光谱会因材质和环境条件差异表现出明显的不同。因此，依据光谱曲线表现出的特征，不能判断用海地物类型。而同类材质若用于不同用海地物，可能表现出很大的相似特征，也可能因所处状态不同，仍表现出明显差异，但这种差异特征与用海地物类型也没有较强的对应关系。

鉴于此，海域使用分类的遥感判别首先要从遥感影像背景中识别出用海地物对应的图斑，然后再根据图斑的整体影像特征（光谱、空间、纹理等特征），判别其对应的用海地物的属性。因此，海域使用遥感监测的关键之一是找到区分用海地物和背景环境的有效方法。

事实上，遥感手段监测海域使用时，主要依据发现的人工地物，即用海工程的形态和布局，来判别用海地物和用海方式。目前，光学遥感手段监测到的人工地物都是含有"硬化"、露出水面的工程成分。所谓"硬化"就是由海水、滩涂变陆地，以及由海水变人工设施的过程。因此，区分用海地物和背景环境主要利用陆地、人工设施与海水、滩涂之间的差异，这种差异可通过水体指数来反映。水体指数用遥感影像的特定波段进行归一化差值处理，以凸显影像中的水分信息。

关于水体指数特定波段组合的研究较多，定义的水体指数也不少，有的适宜反映土壤中的水分，有的适宜反映植被中的水分。在海域使用遥感监测时，需重点考察能反映人工地物中水分信息的水体指数。通过比较分析不同水体指数在用海地物识别中的应用效果，最终确定改进的归一化差异水体指数（MNDWI）和修订型归一化水体指数（RNDWI）两种波段组合作为用海地物识别的优选波段组合，其具体计算公式如下：

$$MNDWI = (p(Green) - p(MIR)) / (p(Green) + p(MIR))$$

公式（3-1）

$$RNDWI = (p(MIR) - p(Red)) / (p(MIR) + p(Red))$$

公式（3-2）

由于 MNDWI 选用的是 Green 和 MIR 波段，RNDWI 选用的是 Red 和 MIR 波段，因此，可以得出：鉴别用海地物的优选波段组合为 Red、Green、MIR 波段组合。

第四节　海域使用遥感监测分类体系

海域使用遥感监测分类体系的作用定位在：引导各地根据遥感影像特征，在分类经验和相关知识指导下，结合前期监测资料和辅助信息，判别特定海域使用遥感对象的以下特征，并按统一方式进行归类：①用海地物类型；②用海方式；③所属用海单元；④所属海域使用类型；⑤用海动态。

一、海域使用遥感监测分类体系建立原则

海域使用遥感监测分类体系建立应遵循以下原则。

（1）实用性原则。

应针对海域使用分类管理和动态监视监测的业务需要，结合本地区用海特点和海域动态监视监测系统中遥感影像的分辨能力，因地制宜地开展对海域使用对象的遥感判别。

（2）现势性原则。

应立足所用遥感影像的监测时点，依据遥感影像反映出的用海特征现状信息，判别用海地物和用海单元，推断海域使用类型、用海方式和用海动态。判别结果的适用性应限于对应监测时点。

（3）便捷性原则。

应在充分利用前期监测成果的基础上，结合简便高效的海域使用遥感信

息提取方法，判别海域使用遥感对象。

各地可参照以上原则，建立适合本地区海域使用特点的遥感判别标志。判别标志选择应遵循以下原则。

（1）可分性原则。

所选标志应能区分海域使用对象与其他对象，以及不同类型海域使用对象之间的最显著差异。

（2）可靠性原则。

所选标志对影像中的噪声信息应具有较好的抗干扰性，针对不同处理阶段的影像应具有较好的稳定性。

（3）完备性原则。

所选标志应较全面地反映海域使用对象的主要类型特征。

（4）独立性原则。

所选标志应从各自角度独立反映海域使用对象的主要类型特征，标志之间应彼此不相关。

（5）简单性原则。

所选标志应易于察觉或通过简便计算获得，标志的含义应明确，易于理解。

二、海域使用遥感监测分类体系

1. 用海地物分类

海域使用遥感监测用海地物的类型划分及含义见表3-26。

表3-26　海域使用遥感监测用海地物的类型划分及含义

编码	一级类	编码	二级类	含义
F1	填海造地	F11	沿岸造地	依托海岸线，以平推填海方式形成的连片土地
		F12	人工岛	通过填海造地形成的岛屿，包括建有连陆、连岛通道的人造岛屿
F2	构筑物	F21	码头	海边供船舶停靠、装卸货物和上下旅客的构筑物，包括码头平台和后方的引桥、引堤
		F22	堤坝	沿岸和海水中用于防水拦水的构筑物，不包括码头后方的引堤
		F23	道路	填海建设的海上交通运输通道，含具有交通运输功能的堤坝

编码	一级类	编码	二级类	含义
F2	构筑物	F24	桥梁	以架空方式构建的作为海上交通运输通道的构筑物，不包括码头后方的引桥
		F25	平台	以架空方式构建的海上场地
		F26	墩座	海中起支撑作用的结构底座
		F27	船坞	沿岸开挖建设的专供船舶修造的凹形场地
		F28	海上建筑物	海中建设的房屋，以及亭、阁等景观建筑
F3	漂浮物	F31	浮筏	用网片、吊笼、缆索和支架等制成的海水养殖筏式装置
		F32	网箱	用网片和框架制成的箱状海水养殖设施
		F33	渔排	用密集支架、铺面材料和网片等连片搭建的海水养殖设施
		F34	浮式房屋	搭建在浮筒、渔排、网箱、船舶等浮式设施之上用于渔民生活、生产和休闲渔业活动等的房屋
		F35	船舶	能航行、停泊于水域进行运输或作业的交通工具
F4	围割海域	F41	围割水面	被构筑物、填海陆地等完全或基本包围的海域水面
		F42	围割滩地	被构筑物、填海陆地等完全或基本包围的海滩

*注：船舶是遥感影像中可见的用海地物，对判断用海单元和海域使用类型有很好的表征作用。但大多数船舶不被认定为固定的用海设施。只有长期定点靠泊，作为浮式储油装置、海上旅游设施等使用的船舶，才被认定为固定的用海设施，性质类似海上构筑物。

在开展海域使用分类遥感判别业务时，对符合表3-26所列用海地物类型含义的用海地物，应统一采用表中的用海地物类型名称。对未在表中列出的用海地物，可补充制定本地区用海地物类型划分和命名方法。

2. 海域使用类型与主要用海单元划分

海域使用的类型划分及常见用海单元的对应关系见表3-27，各海域使用类型的含义依《海域使用分类》（HT/Y123-2009）。

表 3-27　海域使用类型与常见用海单元

海域使用类型				常见用海单元
编码	一级类	编码	二级类	
T1	渔业用海	T11	渔业基础设施用海	渔港
				独立的渔业码头
				养殖取排水口
		T12	围海养殖用海	围海养殖场
		T13	开放式养殖用海	网箱养殖场
				渔排养殖场
				筏式养殖场
				休闲渔排
T2	工业用海	T21	盐业用海	盐田
		T22	油气开采用海	油气平台
				油气开采人工岛
				油气开采连岛通道
		T23	船舶工业用海	修造船厂
		T24	电力工业用海	电力工业港
				独立的电力工业码头
				电厂取排水口
				电厂取水池
				风电场
		T25	其他工业用海	其他工业港
				独立的其他工业码头
				其他工业取排水口
				其他工业取水池
T3	交通运输用海	T31	港口用海	商港
				独立的商业码头
		T32	路桥用海	跨海道路
				跨海桥梁
T4	旅游娱乐用海	T41	旅游基础设施用海	旅游场地
				旅游港
				独立的旅游码头
				海上游乐设施
		T42	浴场用海	海滨浴场

续表

海域使用类型				常见用海单元
编码	一级类	编码	二级类	
T5	造地工程用海	T51	城镇建设填海造地用海	海滨新城
				海滨工业园区
		T52	农业填海造地用海	农业围垦区
		T53	废弃物处置填海造地用海	废弃物处置场
T6	其他用海	T61	其他用海	其他用途的用海单元

说明：

（1）本表所列海域使用类型为《海域使用分类》（HY/T123-2009）所列海域使用类型中能被光学遥感影像有效反映的部分；

（2）用海单元的范围界定可参照《海籍调查规范》（HY/T124-2009）；

（3）本表所列商港、渔港、工业港、旅游港等均包括具有完整防浪设施的封闭型港口和无防浪设施的开敞型港口及辅助设施，但不含分散、独立的商业码头、旅游码头和工业企业码头等。

依据用海单元的定义和《海籍调查规范》（HY/T124-2009）对用海范围的界定方法，从空间上判别用海单元。在开展海域使用分类遥感判别业务时，对属于上表所列用海单元类型的用海单元，应统一采用表中的用海单元类型名称。对未在表中列出的用海单元，各地可补充制定本地区用海单元类型划分和命名方法。

3. 用海方式分类

用海方式的类型划分与含义见表3-28。

表3-28　用海方式的类型划分与含义

编码	用海方式类型	含义
M1	填海造地	将海域填成土地的用海方式。
M2	构筑物	不形成围海或填海造地事实的构筑物的用海方式。
M3	围海	通过筑堤或其他手段，以完全或不完全闭合形式围割海域的用海方式。
M4	开放式	不进行围海、填海造地或设置构筑物，直接利用海域从事开发活动的用海方式。
M5	其他方式	因用海特殊性而特别规定的用海方式。

4. 用海动态

用海动态的类型划分与含义见表 3-29。

表 3-29　用海动态的类型划分与含义

编码	用海动态类型	含义
D1	新建	在不与原有用海邻接的海域出现新的用海活动。
D2	内增	在原有用海范围内增加用海活动或加大对海域自然属性的改变程度。
D3	外扩	在原有用海范围的邻接海域出现新的用海活动。
D4	缩减	相对原有用海收缩范围、减少用海内容或减小对海域自然属性的改变程度。
D5	挖陆成海	以挖陆成海方式扩大用海范围。

说明：

（1）原有用海范围是指前一监测时点用海地物的外轮廓范围；

（2）本表所列用海动态类型适于概括填海造地、构筑物和围割海域等用海地物的变化。网箱养殖、浮筏养殖等用海地物，因历年位置并不完全固定，可暂不判别其用海动态，或由各地根据需要确定用海动态的判别要求。

三、海域使用遥感监测地物判别标志

1. 目视判别指标

建议采用的目视判别指标与含义见表 3-30。

表 3-30　海域使用遥感对象的目视判别指标与含义

代表性指标	含义	指标性质
位置	对象所处区域位置。	定性
颜色差异	对象所在范围内合成影像的颜色与周围水体、地物的颜色差异。	定性
形状	对象外轮廓及内部各组成部分的几何形状和图案特征。	定性
结构	对象内部各组成部分的空间位置关系及呈现出的纹理特征。	定性
方向	对象整体与海岸线的方向关系，以及内部各组成部分之间的方向关系。	半定量
尺寸	对象外轮廓及内部各组成部分的长宽尺寸。	半定量
相邻关系	对象与其他地物的位置关系，包括邻近性、邻接性和闭合性等。	定性

2. 影像特征测算指标

建议采用的影像特征测算指标与含义见表3-31。

表 3-31 海域使用遥感对象的影像特征测算指标与含义

影像特征类型		代表性指标	指标含义	指标性质
光谱特征	波段灰度	波段平均灰度	对象范围内某波段的平均灰度值。	定量
		波段灰度方差	对象范围内某波段的标准方差。	定量
	波段灰度比值	归一化水体指数	对象范围内归一化水体指数的平均值。	定量
几何特征	大小	外轮廓总面积	对象外轮廓包含的多边形总面积。 外轮廓总面积=对象面积+洞面积	定量
		对象面积	对象多边形的面积。 对象面积=外轮廓总面积-洞面积	定量
		对象周长	对象多边形的周长，包括外轮廓周长和洞的周长。	定量
		洞面积	对象包围的洞的面积。	定量
		长轴长度	对象最小外接矩形的长边长度。	定量
		短轴长度	对象最小外接矩形的短边长度。	定量
	分布	主方向	对象长轴方向与特定地物的夹角。	定量
	形状	矩形度 *	对象的矩形特性的度量。 矩形度=对象面积/（对象长轴长度×对象短轴长度）	定量
		延伸率 *	对象总体延伸性的度量。 延伸率=长轴长度/短轴长度	定量
		条形系数 *	对象条形特性的度量。 条形系数=对象周长的平方/（4π×对象面积）	定量
		洞数	对象多边形内洞的个数。	定量
		密实度 *	对象内部密实程度的度量。 密实度=对象面积/外轮廓总面积	定量

*注：

（1）归一化水体指数=（p（波段1）-p（波段2））/（p（波段1）+p（波段2）），波段1、波段2为当地水体指数优选波段，p代表灰度值。归一化水体指数为小于1的数，指数越小，表征地物表层的含水率相对越低；

（2）矩形度为小于等于1的数。矩形度越接近1，表征地物轮廓越接近矩形；

（3）延伸率为大于等于1的数。延伸率越大，表征地物总体布局的延伸性越大；

（4）条形系数为大于等于1的数。条形系数越大，表征地物轮廓越接近条带状；

（5）密实度为小于等于1的数。密实度越接近1，表征地物内部结构越紧密。

3. 用海环境指标

建议采用的用海环境指标见表3-32。

表3-32　用海环境指标与含义

环境特征	代表性指标	含义	指标性质
自然状况	平均水深	对象所处的平均水深。	定量
	离岸距离	对象离海岸线的最近距离。	定量
	海岸底质	岸滩的底质类型。	定性
开发状况	周围临海地物	与本对象相邻或相近的陆域临海地物。	定性
	周围用海地物	与本对象相邻或相近的用海地物。	定性
	周围海域使用类型	与本对象相邻或相近的海域使用类型。	定性
	周围用海方式	与本对象相邻或相近的用海方式。	定性

本章小结

　　在进行海域使用遥感分类过程中，遥感分类对象的选择非常关键。这涉及整个海域使用遥感分类结果是否能准确的反映不同海域使用类型。与土地分类体系不同，海域使用类型是根据海域用途对海域单元所做的类别划分，用海类型不同，其采用的用海方式及用海布局也会不同。地物光谱差异能较好地反映海域使用方式及其布局，但并不能直接反映海域用途。因此，在进行海域使用遥感监测前，首先要确定海域使用分类中的哪些用海方式为遥感分类对象。为能准确的通过遥感影像识别出不同的用海方式，需要针对不同用海类型和方式选择样本进行现场勘查，以了解不同用海方式在遥感影像上所表现出来的特征信息。

　　目前尚无专门针对海域使用类型和海域使用方式进行的遥感应用研究，而无论海洋功能区划，各类海域使用审批都对海域使用现状及其他用海信息的快速遥感解译提出了越来越高的要求。面向对象的遥感图像分类方法突破了传统分类方法以像元为基本分类和处理单元的局限性，以含有更多语义信息的多个相邻像元组成的对象为处理单元，可以实现较高层次的遥感影像分类和目标地物提取。该方法为海域使用信息的快速提取提供了一种新的技术手段。因此，有必要先弄清楚影像分割后不同海域使用类型对象的光谱、纹理、形状、布局等特征。

　　本章首先介绍了海域使用样本库和光谱库的建设，然后在对海域使用遥感分类影像特征分析的基础上，建立了海域使用遥感分类体系，并通过评价指标体系的方法，对分类体系的有效性及准确性进行检验。

第四章 典型用海类型遥感监测技术

第一节 遥感影像尺度分割技术

遥感影像分割是利用遥感影像监测地表地物的一种重要算法，应用遥感影像分割技术可以从遥感影像中提取地物图斑。遥感影像分割技术主要有两种，一种以边缘检测为基础，通过边缘跟踪，形成的封闭曲线构成小图斑；另一种以区域生长为基础，依据特定的判别函数将相近的像元归并为图斑。

一、集成边缘信息的多尺度分割技术

边缘检测主要是遥感影像的灰度变化的度量、监测和定位，其实质就是提取影像中不连续部分的特征。边缘检测的结果是影像分割技术所依赖的重要特征，常用的边缘检测方法包括梯度算子、Laplacian-Gauss 算子、Canny 算子、log 滤波算子、Sobel 算子、Robert 算子、等边缘检测方法。当利用边缘信息分割遥感影像时，需要解决边缘提取过程中常见的边缘缺失问题。

基于区域的分割方法原理是按照选定的一致性准则，将遥感影像划分为互不交迭的区域集的过程。遥感影像处理中应用的多尺度分割算法，其一致性准则也称为分割尺度，一个分割尺度对应遥感影像的一种分割，不同的分割尺度形成遥感影像树状结构的对象表达。就遥感影像中的一个像元而言，在不同尺度的分割中，属于不同的图斑对象，形成一个图斑系列。在实际地物和遥感影像中的图斑之间建立对应关系，就存在一个尺度问题。自然界及人工对象都有其适合自身的内在尺度，而且尺度的大小不一。多尺度分析方法将多尺度分割结果用于遥感影像分类，而国内外对分割尺度的选择缺少一个量化标准。因而，需要在遥感影像分割过程中确定哪一个分割图斑是合理的，是具有符合地物内在尺度的图斑，这正是利用遥感影像对象空间信息的

关键。

　　遥感影像可以是单一波段的单色数据、彩色（三波段）数据以及任意多波段数据。影像变换处理用于降低影像维数，主成分变换是影像处理中的一种常用方法。主成分变换的目的是把原来遥感影像中的有用信息集中到数目尽可能少的新主成分影像中。并使这些主成分影像之间互不相关，从而减少总的数据量并使影像信息得到增强。以矩阵的形式表示遥感影像的原始数据：

$$X = \begin{bmatrix} x_{11} & x_{12} & \cdots & x_{1n} \\ x_{21} & x_{22} & \cdots & x_{2n} \\ \cdots \\ x_{m1} & x_{m2} & \cdots & x_{mn} \end{bmatrix} \qquad 公式（4-1）$$

　　m 和 n 分别为波段数和影像中的像元数，矩阵中的每一行矢量表示一个波段的遥感影像。根据原始遥感影像数据矩阵 X，求出它的协方差矩阵 S，X 的协方差矩阵为：

$$S = \frac{1}{n}\left[X - \bar{X}l\right]\left[X - \bar{X}l\right]^T = \left[s_{ij}\right]_{m \times n} \qquad 公式（4-2）$$

　　式中：

$$l = \left[1, 1, \cdots, 1\right]_{1 \times n} \qquad 公式（4-3）$$

$$\bar{X} = \left[\bar{x}_1, \bar{x}_2, \cdots, \bar{x}_m\right]^T \qquad 公式（4-4）$$

$$\bar{x}_i = \frac{1}{n}\sum_{k=1}^{n} x_{ik} \qquad 公式（4-5）$$

$$s_{ij} = \frac{1}{n}\sum_{k=1}^{n}\left(x_{ik} - \bar{x}_i\right)\left(x_{jk} - \bar{x}_j\right) \qquad 公式（4-6）$$

　　S 是一个实对称矩阵。求 S 矩阵的特征值 λ 和特征向量，并组成变换矩阵 T。考虑特征方程：

$$(\lambda I - S) U = 0 \qquad 公式（4-7）$$

　　式中，I 为单位矩阵，U 为特征向量。解上述的特征方程即可求出协方差矩阵 S 的各个特征值 λ_j（$j=1, 2, \cdots, m$），将其按 $\lambda_1 \geq \lambda_2 \geq \cdots \geq \lambda_m$ 排列，求得各特征值对应的单位特征向量（经归一化）U_j，以各特征向量为列构成矩阵：

$$U = \left[u_{ij}\right]_{m \times n} \qquad 公式（4-8）$$

　　U 矩阵的转置矩阵为主成分变换的变换矩阵，主成分变换的具体表达式为：

$$Y = \begin{bmatrix} u_{11} & u_{21} & \cdots & u_{m1} \\ u_{12} & u_{22} & \cdots & u_{m2} \\ \cdots & & & \\ u_{1m} & u_{2m} & \cdots & u_{mm} \end{bmatrix} X = U^T X \qquad \text{公式（4-9）}$$

式中 Y 矩阵的行向量 $Y_j = [y_{j1}, y_{j2}, \cdots, y_{jn}]$ 为第 j 主成分。

Canny 边缘检测用一阶偏导的有限差分来计算遥感影像梯度的幅值和方向，并利用非极大值抑制方法保留局部梯度最大的点，而抑制非极大值。在每一点上，邻域的中心像元 M 与沿着梯度线的两个像元相比。如果 M 的梯度值不比沿梯度线的两个相邻像元梯度值大。

$$G[f(x, y)] = \begin{bmatrix} G_x \\ G_y \end{bmatrix} = \begin{bmatrix} \dfrac{\partial f}{\partial x} \\ \dfrac{\partial f}{\partial y} \end{bmatrix} \qquad \text{公式（4-10）}$$

$$|G[f(x, y)]| = |G_x^2 + G_y^2|^{1/2} \qquad \text{公式（4-11）}$$

由高低两个阈值的边缘影像确定一组优势边缘，在边缘强度序列中弱边缘组的低阈值小于强边缘组的低阈值，弱边缘组的高阈值小于强边缘组的高阈值。需要对 Canny 边缘检测结果进行减少假边缘段数量的操作，典型方法是对 Canny 边缘检测结果 N [i, j] 使用一个阈值，将低于阈值的所有值赋零值。双阈值算法对非极大值抑制影像采用两个阈值 τ_1 和 τ_2，从而可以得到两个阈值边缘影像 N_1 [i, j] 和 N_2 [i, j]。由于 N_2 [i, j] 使用高阈值得到，因而含有很少的假边缘，但有间断（不闭合）。双阈值法要在 N_2 [i, j] 中把边缘连接成轮廓，当到达轮廓的端点时，该算法就在 N_1 [i, j] 的 8 邻点位置寻找可以连接到轮廓上的边缘，这样，算法不断地在 N_1 [i, j] 中收集边缘，直到将 N_2 [i, j] 连接起来为止。

遥感影像的变换包括主成分变换和色彩变换，遥感影像变换结果经过归一化处理，两者中的一个或多个图层作为待分割影像集。边缘约束条件可以是图斑内部边缘点的强度。在实际执行时，边缘点强度可以是图斑内部的边缘点数量的统计和，其值由用户设定。

设定尺度增长方式为自然数增长，分割尺度系数为自然数的平方。

图斑及图斑间的相邻关系定义如下：单个像元和多个空间上联通像元集合都可认为是图斑。对一个图斑，考察它的边界像元，如果两个相邻图斑的像元是四邻域相邻，则两个图斑是四邻域法相邻的。在分割进行的过程中，随着图斑的不断合并，图斑异质性不断增大，当遥感影像中每一个图斑都满足如下条件时：①所有图斑异质性均小于给定的阈值；②任意一个图斑再与任意一个邻域图斑合并后形成新图斑的异质性都大于给定阈值。则认为分割过程中的一次分割完成。分割过程中合并方法如下：当一个图斑有多于一个相邻图斑符合归并条件或有多次符合条件的图斑对时，就需要确定一个最优的归并图斑对，其归并代价最小。对一个图斑 A，考察它的四邻域像元邻接图斑，如果 A 与它的某个邻接图斑 B 满足如下条件则称 A，B 满足局部相互最佳匹配原则：①A 与 B 合并后形成的大图斑的异质性小于或等于 A 与其他相邻图斑合并后形成大图斑的异质性；②以 B 为中心图斑来寻找与 B 合并后满足异质性最小准则的邻接图斑 C；③A＝C 或者②中有多个满足条件的图斑，而 A 是其中之一。如果 A，B 满足局部相互最佳匹配原则就将它们合并为一个大图斑，如果不满足则以 B 为起始点继续查找。分割结果数据组织：一个分割尺度对应一次分割结果，以连续变化的尺度分割图像，形成一系列的分割结果。最大分割尺度下分割的图斑作为根节点，在分割过程中合并成该图斑的所有图斑作为子节点，子节点上的图斑又是所有合并前图斑的母节点，以此组成树形结构的分割结果表达。

图斑内部边缘点的判断：当边缘检测中的边缘点及其一定邻域范围内的像素点都在图斑内部时，则该边缘点被认为是图斑内部的边缘点。边缘点的邻域可以是 3×3 邻域和 5×5 邻域。当图斑内部的边缘点统计结果大于设定边缘约束条件时，则认为图斑合并不满足边缘约束条件。多尺度分割初始条件以单个像元认为是 1 个图斑，在多尺度分割过程中，满足多尺度分割方法中图斑合并条件的图斑执行图斑合并操作前，先计算合并后图斑内部的边缘点数量，当边缘点数量大于用户设定的阈值时，不执行图斑合并过程（图 4-1）。

在某一尺度系数下的多尺度分割完成后，以此结果为基础，变更尺度系数，继续执行前一操作。当边缘为约束条件进行多尺度分割时，初始的尺度系数可以是 1 或者是设定的一个自然数，多尺度分割中的尺度以自然数方式增加。当尺度系数变更后，开始新一次多尺度分割时，前一结果为本次多尺度分割的初始状态。集成边缘的多尺度分隔应用案例见图 4-2。

重复前一步骤至尺度增长过程完成，上述过程形成一个以影像边缘强度

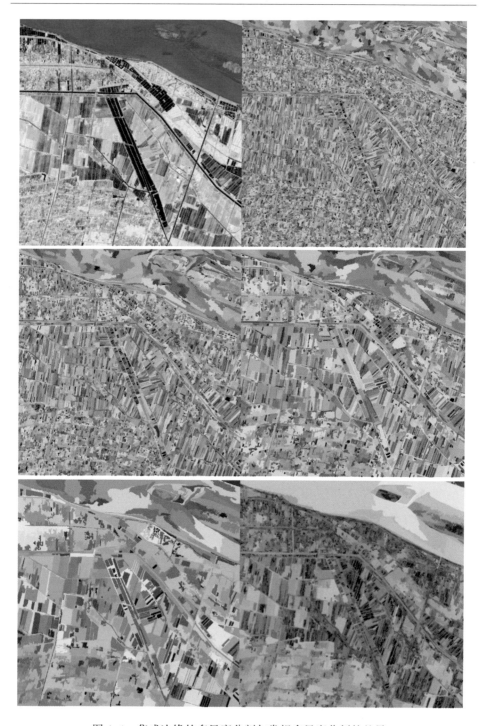

图 4-1　集成边缘的多尺度分割与常规多尺度分割的差异

图 4-2　集成边缘的多尺度分割的多个应用案例

为约束条件的多尺度影像分割结果。不同边缘提取结果对多尺度分割结果的影响对比见图4-3。

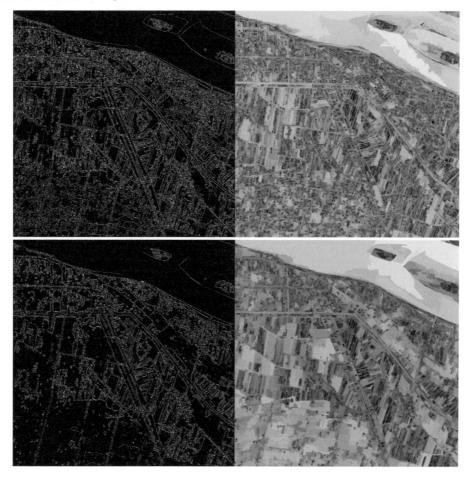

图4-3　不同边缘提取结果对多尺度分割结果的影响对比

二、面向对象的尺度分割技术应用

采用尺度自适应的遥感影像分割方法对两个时相的遥感影像进行影像最优分割。设定优势图斑条件，在两个时相遥感影像最优分割结果中进行优势图斑的识别和检出。以图斑中像元的数量和像元的空间分布为条件确定优势图斑，根据奈奎斯特—香农采样定理，通常像元大小须保证等于或小于地物对象的1/10，才能准确表达地物对象（如位置、朝向、形状、大小等）。实际上考虑到遥感影像中混合像元成因，一般设定优势图斑为基本像元数的2-

3 倍，即优势图斑的像元数大于 25 个像元，像元空间分布上具有 3×3 图斑特性。根据上述条件对步骤 2 中的分割结果进行判别过滤，保留优势图斑，非优势图斑不参与空间组合关系判断。

两个时相遥感影像中优势图斑的检测采用基于栅格的叠置分析法，并对基于栅格的叠置分析结果进行优势图斑的识别和检出。叠置分析法是地理信息系统常用的提取空间隐含信息的手段之一。基于栅格数据的叠置分析法是将两个栅格数据的每个栅格元素进行逻辑运算，并将各像元的运算结果集合起来。基于栅格的叠置分析法其几何求交过程的结果是对原来栅格多边形信息进行判断并形成新的栅格多边形，新多边形综合了原来两个栅格的属性。同样对叠置分析结果进行步骤 2 一样的优势图斑识别。在叠置分析结果中识别两个时相遥感影像数据优势图斑中发生形状变化的图斑。当一个时相的图斑中包含了 2 个以上另一时相的优势图斑，并且其叠置分析结果满足优势图斑的条件，则可以认为在这两个时相间该区域的图斑发生了空间变化。在叠置分析结果中，前一时相的 1 个优势图斑对应后一时相 2 个或以上优势图斑，则表示形状变化为图斑分裂；前一时相 2 个或以上优势图斑对应后一时相的 1 个优势图斑，则表示形状变化为图斑合并；图斑的形状变化也包括上述两种方法的组合，即同时发生了图斑分裂和图斑合并情况。以叠置分析结果中的图斑为单元，统计已有的两个图像间的变化检测数据。

对于已有的两个遥感影像之间的变化检测结果，以叠置分析结果中的图斑为单元进行统计，对单一图斑中的像素点上的变化检测结果进行直方图统计，以直方图的峰值则代表了该图斑整体的变化检测结果。在原有 2 个遥感影像变化检测结果的基础上增加遥感影像对象的空间变化信息。再进一步以图斑是否发生变化区分原有遥感影像的变化检测结果。遥感影像对象层次的变化检测方法不仅可以以图斑为单元确定遥感影像的变化结果，而且能够提供图斑的空间变化信息。以青岛市海西局部区域 IKONOS 卫星遥感影像为案例（图 4-4），该区域海域变化的人工解译结果见图 4-5，该区域基于面向对象的空间信息变化检测结果见图 4-6，案例中应用面向对象的空间信息变化检测技术途径示意见图 4-7。

图 4-4　案例数据：IKONOS 青岛海西

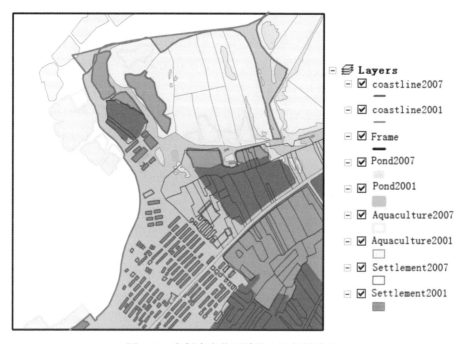

图 4-5　案例中变化区域的人工解译结果

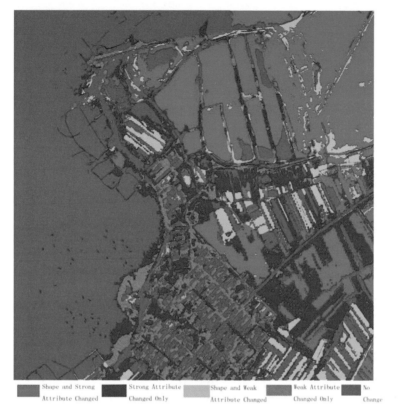

| | Shape and Strong Attribute Changed | | Strong Attribute Changed Only | | Shape and Weak Attribute Changed | | Weak Attribute Changed Only | | No Change |

图4-6　案例中基于面向对象的空间信息变化检测结果

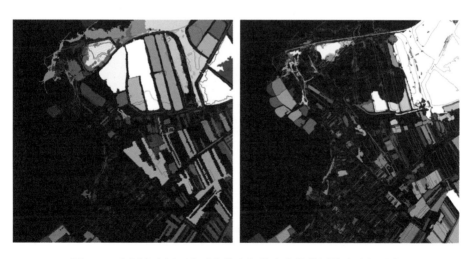

图4-7　案例中应用面向对象的空间信息变化检测技术途径示意

第二节　面向对象的海域使用遥感监测技术

　　面向对象的遥感影像分类方法突破了传统分类方法以像元为基本分类和处理单元的局限性，以含有更多语义信息的多个相邻像元组成的对象（Object）为处理单元。由于对象可以检测和计算多个特征，如光谱、形状、纹理、结构、位置和相关布局等，具有丰富的目标地物信息。因此，利用面向对象的遥感影像分类技术进行重点用海类型监测能够得到比像元分类方法更好的分类效果，尤其是对于高空间分辨率卫星遥感影像。一般而言，一个典型、完整的基于面向对象用海类型信息提取的技术流程参见图4-8，其主要步骤包括辐射校正、几何校正、数据融合、边缘提取、海洋水体提取、针对各用海类型的影像分割、特征分析及提取、分类、分类精度评价等。

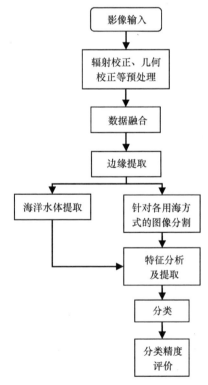

图4-8　基于面向对象的海域使用信息提取技术流程

　　在面向对象的图像分析中，对象特征主要包括光谱特征、纹理特征、形状特征、语义特征、层次特征、专题特征等。一般而言，光谱特征最为重要，其次是纹理特征和形状特征。但在针对海域使用方式的信息提取中，有较多的海域使用是通过围割海水的方式来实现的，形成小面积、具有规则形状的地物斑块，并且在很多情况下，这些斑块内部的主要构成还是海水（例如围海养殖、盐田、港池蓄水等）。因此，在海域使用信息提取时，光谱特征最为重要，其次是形状特征，最后是纹理特征。此外，由于多数用海方式在空间分布上也与海洋水体存在一定的关联，因此语义特征在该类研究中也具有较为重要的作用。

影像分割是面向对象高分辨率遥感影像信息提取与目标识别工作的关键步骤，一方面，它是表达目标的基础，对特征测量有重要的影响；另一方面，影像分割及基于分割的目标表达、特征提取和参数测量等，都将原图转化为更抽象、更紧凑的形式，使得更高层的影像分析和理解成为可能。在对高分辨率影像进行分割时，对象的尺度大小是个关键问题，它是一个关于多边形对象异质性最小的阈值，决定生成影像对象的级别大小。一般而言，影像中由于存在多种地物，因此有必要对影像在多个尺度进行多次分割，综合不同尺度的影像信息，从而把精细尺度的精确性与粗糙尺度的易分割性这对矛盾完美的统一起来。

在确定不同用海类型的尺度特征之前，需要明确分割"尺度"值是如何计算获得的。分割尺度 (f) 是一个抽象术语，在区域合并分割算法中 f 一般由两个参数因子来确定：光谱异质性参数 (h_{color}) 和形状异质性参数 (h_{shape})。

$$f = (1-w) \cdot h_{color} + w \cdot h_{shape} \qquad\qquad 公式（4-12）$$

其中，w 为用户定义的权重，取值在 0~1 之间，值越高表明形状参数对分割结果的贡献越大，而光谱参数的贡献越小。在影像分割过程中，用户首先设定分割参数，包括尺度阈值 s，即停止像元合并条件，形状因子权重和紧致度权重。然后，以影像中任意一个像元为中心开始分割，第一次分割时单个像元被看作一个对象参与上述异质性计算，此后的每一次分割都以前一次分割生成的多边形对象为基础进行对象合并，并计算异质性值 f。在每次分割结束后，比较 f 与预先设定的尺度阈值 s 之间的大小，若 f 小于 s，则继续进行下一步分割，相反则停止影像的分割工作。对于最优分割尺度的确定，将通过构建平均分割评价指数（ASEI）来完成。对于样本量不足的用海方式，将采用对象面积法来确定最优分割尺度。

本章针对 SPOT 卫星遥感影像，通过对围海养殖、盐业用海、开放式养殖、填海造地和港池、蓄水五种重点用海类型的尺度特征分析，确定对应各自地物的最佳分割尺度值，为后续的信息提取提供最佳对象层数据。

第三节   养殖用海遥感影像监测技术

根据养殖用海方式，养殖用海可分为围海集中养殖和开放式养殖，开放式养殖又可以分为浮筏养殖、网箱养殖、底播养殖、人工鱼礁增养殖，其中遥感影像能够识别的养殖用海主要有围海养殖、筏式养殖和网箱养殖。

一、围海养殖遥感监测技术

由于围海养殖在空间分布上呈集群、小斑块大面积分布，在样本选择上能获得大量分布围海养殖池，代表其尺度特征的影像区域。因此，选用平均分割评价指数的方法来确定其最优分割尺度。首先，在大连庄河地区 SPOT 多光谱和全色影像融合图上选择三个典型的围海养殖集中分布区，利用eCognition 软件进行多尺度分割，定义分割尺度范围 [5，100]，并以步长 5 进行变化，分割时设置四个波段层和一个边缘检测层的权重分别为 1，形状权重为 0.1，紧致度权重为 0.5。对每个分割尺度所得结果进行平均分割评价指数的计算，得出在尺度值为 45-50 时，平均分割评价指数达到最高值。因此，确定尺度值 50 为针对围海养殖用海方式的 SPOT5 卫星遥感影像最佳分割尺度。分隔尺度值为 50 的 SPOT5 卫星遥感影像围海养殖样本分割结果见图4-9。

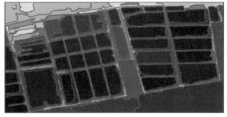

图 4-9   围海养殖样本分割结果

根据海域使用分类体系，围海养殖是通过筑堤围割海域而进行养殖生产的海域，其内部主要构成是水体，因此，该类用海方式往往会跟海洋水体、湖泊、入海河流、蓄水池、盐田等地物斑块相混淆。在尺度分析中显示，适合围海养殖的分割尺度值为 50，但经过多次比较实验发现，在该尺度下分割的对象，无论怎样组合建立各种规则集都无法较为精确的将围海养殖与海洋水体、湖泊、入海河流、蓄水池、盐田等其他类别全部有效区分开来，尤其是湖泊水体和入海河流。然而从影像上看，围海养殖在大尺度空间分布上具有集中分布的特点，且养殖池周围的筑堤将其划分为网格状的面状地物。因此，对于该类地物可先进行一个较大尺度的影像分割，将围海养殖集中分布的区域提取出来，同时剔除各种包含水体的混淆地物，然后再进行小尺度的分割去除筑堤以便池塘斑块的精确提取。围海养殖遥感影像信息提取技术流程见图 4-10。

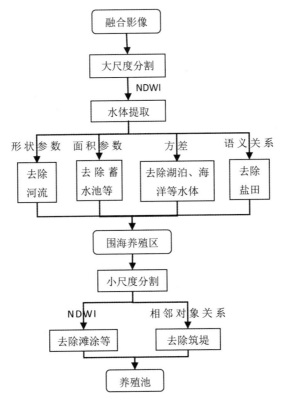

图 4-10 围海养殖信息提取技术流程

以庄河地区影像为例，首先采用尺度值 300 对其进行分割，并利用 NDWI 值进行水体斑块的提取，设定 NDWI>0.3 为水体，提取结果见图 4-11a。由于河流水体通常表现为较为狭长的条带形状，因此选择形状参数长宽比

（Length/Width），并将该比值大于 4 的水体去除掉，结果见图 4-11b（其中方框位置为河流）。由于在尺度 300 下的分割结果中，围海养殖斑块内部包含了很多筑堤，相对于湖泊、海洋水体而言，其方差比较大，因此在区分围海养殖和海洋、湖泊水体时，可选择波段 4 的方差，并将该值小于 5 的区域剔除掉，结果见图 4-11c。在剩下的水域中，只需去掉蓄水池等斑块。经比较发现，在分割尺度 300 下，蓄水池斑块的面积要明显小于围海养殖分布区，因此选择面积参数，并将该值小于 20 000 个像素的对象去除掉，结果见图 4-11d（其中方框内区域为蓄水池）。

至此，海洋水体、湖泊、入海河流、蓄水池等干扰地物斑块已基本分离出来，而对于围海养殖与盐业用海的分离，由于该区没有盐田分布，这部分内容将在盐业用海信息提取再介绍。从图 4-11d 中可以看出，此时的围海养殖还是成片分布，中间混杂了筑堤、滩涂等地类。因此需要在更为精细的尺度下进行养殖池塘与筑堤、滩涂等地类的分离。根据前文结论，采用尺度值 50 对图 4-11d 的信息提取结果进行再分割，并重新设置 NDWI 值大于 0.4 的为水体，以剔除滩涂，结果见图 4-11f，其中黄色区域为新提取的水体，蓝色区域为尺度 300 下提取的结果。对于养殖池塘与筑堤的分离，可采用参数"与邻近亮对象的相对边界"（Rel. border to border to brighter objects）来完成。养殖池塘周边分布着筑堤，而筑堤在影像上表现为亮对象，因此，养殖池塘在该参数上具有较高值。在图 4-11f 的基础上，将该参数小于 0.9 的对象剔除掉，结果见图 4-11g。在图 4-11h 中，对提取结果进行了边界修正，这是由于影像边界常常存在破碎、不完整的地物类块。该步骤的实现是将距离影像边界小于等于 1 个像素的对象，同时 NDWI 值大于 0.4 的对象重新划分到提取结果中。上述围海养殖信息提取过程的规则集参见图 4-12。

二、开放式养殖遥感监测技术

针对开放式养殖，由于无法选择到较为纯净的样区，如果继续利用计算平均分割评价指数的方法来选择最优分割尺度会由于存在较大面积其他地物的干扰而产生偏差。因此，针对这类用海方式的尺度研究，选择利用最大面积法来完成，即影像分割的对象面积不应该大于地物目标的大小，同时该对象也具有能保持地物目标空间结构特征的最大分割面积。因此，纯对象的最大面积与目标地物类别大小相当时该尺度就是最优分割尺度。选择含有开放式养殖用海方式的区域，如图 4-13。从图中可以看出，开放式养殖的空间尺

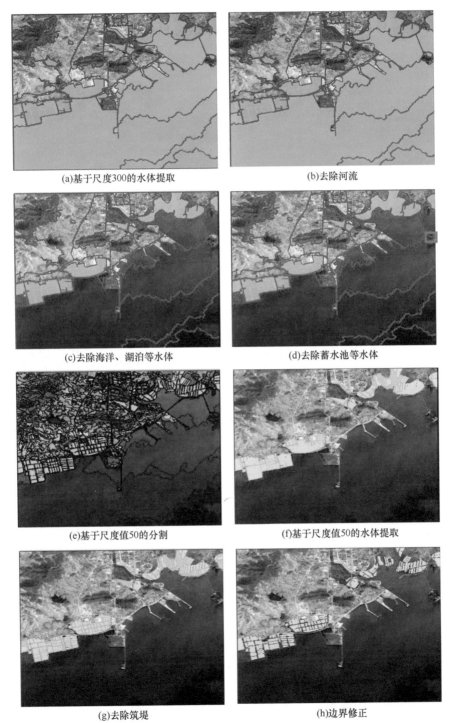

(a)基于尺度300的水体提取

(b)去除河流

(c)去除海洋、湖泊等水体

(d)去除蓄水池等水体

(e)基于尺度值50的分割

(f)基于尺度值50的水体提取

(g)去除筑堤

(h)边界修正

图4-11 围海养殖卫星遥感影像信息提取技术过程

```
Process Tree                                                                                    ×
 ■  边缘提取
    ◈  edge extraction canny (Canny's Algorithm) 'Layer 3' => 'canny'
 ■  复制地图
    ⊞  copy map to '尺度300'
    ⊞  copy map to '尺度50'
 ■  分割
    ≣  on 尺度300 : 300 [shape:0.1 compct.:0.5] creating '尺度300'
    ≣  on 尺度300 at 尺度300: spectral difference 3 creating 'spec3'
    ≣  on 尺度50 : 50 [shape:0.1 compct.:0.5] creating '尺度50'
    ≣  on 尺度50 at 尺度50: spectral difference 2 creating 'spec2'
 ■  基于尺度300的分类
    ⁋  on 尺度300 with NDWI >= 0.35 at spec3: 水_尺度300
    ⁋  on 尺度300 水_尺度300 with Length\Width >= 4 at spec3: unclassified
    ⁋  on 尺度300 水_尺度300 with Standard deviation Layer 4 <= 5 at spec3: unclassified
    ⁋  on 尺度300 水_尺度300 with Area <= 20000 Pxl at spec3: unclassified
 ■  地图同化
    ⊞  01.718    on 尺度300 at spec3: synchronize map 'main'
    ⊞  <0.001s   on main at 300: copy creating '50' above
    ⊞  34.343    on spec2: synchronize map 'main'
 ■  基于尺度50的分类
    ⁋  0.125     on main 水_尺度300 with NDWI >= 0.4 at 300: 水_尺度50
    ⁋  0.218     on main 水_尺度50 with Rel. border to brighter objects Layer 4 <= 0.9 at 300: 水_尺度300
    ⁋  <0.001s   on main 水_尺度300 with Distance to scene border <= 1 Pxl and NDWI >= 0.4 at 300: 水_尺度50
```

图 4-12　围海养殖用海卫星遥感影像信息提取规则集

度也较小，根据养殖设施或养殖品种的不同，其空间形态多表现为矩形方框零散分布或矩形条带分布。

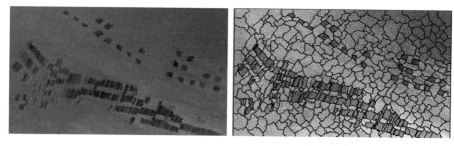

图 4-13　开放式养殖样本区分割结果

　　利用 eCognition 软件对两个样区进行多尺度分割，定义分割尺度范围 [5，30]，并以步长 5 进行变化。通过观察发现，在单波段 1（绿波段）和单波段 2（红波段）的灰度图上开放式养殖图斑均能较为清楚的表现出来，而在单波段 3（近红外波段）和单波段 4（短波红外）的灰度图上，由于水体的强吸收作用，使得开放式养殖图斑的轮廓很难较为清晰的表现，尤其是在波段 4 的图像上，几乎已经分辨不出养殖区域。因此，分割时只利用了波段 1、2 图层，并分别设置权重为 2 和 1，设置形状权重为 0.1，紧致度权重为 0.5。不同尺度的分割结果显示，当分割尺度值为 5 时，影像对象较为破碎，看不出明显的地物类块；分割尺度为 10 时，对象个数明显减少，且开放式养殖斑块能较为清楚的一个或两个对象多边形来表示；当分割尺度为 15 时，虽然对于有效养殖斑块能更为清楚的用一个对象来表示，但有效小面积的养殖斑块被合并到类属于海洋水体的对象中，且在后面逐渐增大的分割尺度中，这种现象更为明显。因此，为了综合所有大小养殖斑块的分割效果，选择尺度 10 为从 SPOT5 卫星遥感影像中提取开放式养殖用海方式较为理想的分割尺度。

经观察发现，开放式养殖的最大特点是其分布多位于海洋水体内部，因此，可利用这种空间语义关系进行开放式养殖斑块的提取，其具体流程参见图 4-14。根据前文尺度研究结论，在图 4-13 江苏连云港海域卫星遥感影像海洋水体提取的结果上再进行尺度值为 10 的影像分割，并分析开放式养殖对象与海洋水体对象之间的差异。结果显示，在波段一光谱值上，两类的差异最为直接和明显。因此，可利用波段一光谱值进行开放式养殖斑块的提取。首先，对波段一光谱值进行归一化处理，具体做法是在尺度值为 10 的分割结果上，对隶属于海洋水体的各对象进行如下计算：

$$N_{\text{lay1}} = V_{\text{lay1}} / M_{\text{lay1}} \qquad \text{公式（4-13）}$$

其中，N_{lay1} 为对象在波段一的归一化光谱值，V_{lay1} 为对象在波段一的光谱值，M_{lay1} 为隶属于海洋水体类别的对象在波段一的最大光谱值。然后，设定阈值进行海洋水体与养殖斑块的区分，即 $N_{\text{lay1}} < 0.89$，同时 NDWI < 0.5 的对象为开放式养殖斑块，结果见图 4-15。相比于直接利用波段一光谱值进行分类，这种归一化处理在一定程度上能消除不同影像之间的差异，使分类规则具有更好的稳定性。开放式养殖用海卫星遥感影像信息提取的规则集参见图 4-16。

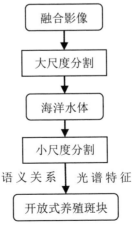

图 4-14　开放式养殖卫星遥感影像信息提取技术流程

图 4-15　开放式养殖卫星遥感影像信息提取结果

```
开放式养殖提取
46.875    on 尺度10 : 10 [shape:0.1 compct.:0.5] creating '尺度10'
0.016    on 尺度10 at 尺度10: copy creating '尺度300' above
04.125    on 尺度300 at 尺度300: synchronize map '尺度10'
<0.001s    on 尺度10 with Existence of super objects 海洋 (1) = 1  at 尺度10: max_band1_ocean = max(Mean Layer 1)
0.032    on 尺度10 with 波段一归一化 ≤ 0.89 and NDWI ≤ 0.5  at 尺度10: 开放式养殖
<0.001s    on 尺度10 开放式养殖 with Existence of super objects 海洋 (1) = 0  at 尺度10: unclassified
```

图 4-16　开放式养殖用海卫星遥感影像信息提取规则集

第四节　填海造地和盐田遥感监测技术

填海造地用海是我国当前发展最快的一类用海方式，其用海特点是将海域自然水域空间填充成为陆地。盐田是我国最古老和传统的用海类型，用海特点是将海域围割成面积和形状大小不一的海水池塘，通过日光蒸发制造海盐。遥感影像是监测大范围填海造地和盐田空间格局及其变化过程高效技术。

一、填海造地遥感监测技术

在海域使用方式中，填海造地具有"相对"的含义，即相对于某一时期的海岸线或者是前一个时相的遥感影像，海域空间由水体转换成陆地。通常填海造地具有规模小、分布散、变化快等特点。图 4-17 以环境减灾小卫星遥感影像为例，显示了大连市凌河口一处填海造地工程在不同阶段遥感影像上的表现。其大致过程如下：工程始于 2009 年 4 月末，以原陆域东北侧修筑突堤开始；6 月 3 日至 8 月 1 日，东侧围堰向北与岸合拢，并已部分填充，东侧围堰南侧顺岸平推填海，北侧围堰向西与岸合拢；8 月 1 日至 9 月 1 日，围填区无新增面积，围填方式以填充已围区域为主，至 9 月 1 日，填充基本完成。从图中可以看出，随着填海工程的进展，填海面积在不断发生变化，经历了从小到大的过程，填海造地的尺度特征不是很明显，并且会随着填海时段的不同而有所变化。因此，若直接针对填海造地进行影像分割及相关信息提取将无法选择较为理想的尺度值。针对这种情况，本研究采用间接的方法进行围海养殖信息提取，即首先对不同时期遥感影像进行海洋水体提取，然后根据海洋水体的变化情况来确定填海造地用海方式的增减变化。

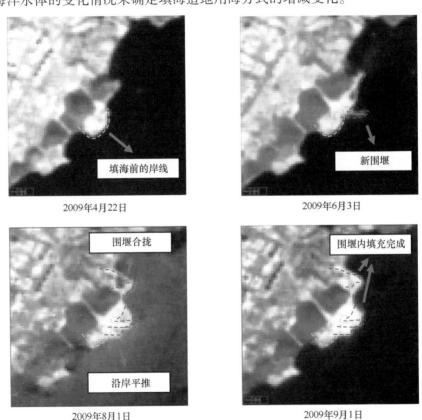

图 4-17　填海造地动态变化过程卫星遥感影像监测图

对于具有较大不确定性的填海造地用海类型，可采用间接的方法，即针对不同时期遥感影像进行海洋水体提取，然后根据海洋水体的变化情况来确定填海造地的增减情况。填海造地卫星遥感影像信息提取技术流程见图4-18。

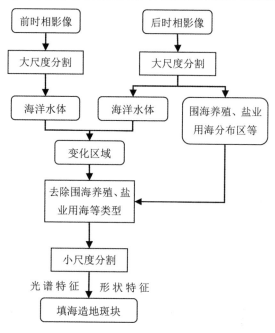

图4-18　填海造地信息卫星遥感影像提取技术流程

仍以大连庄河地区为例，图4-19a和图4-19b分别为该地区2007年和2010年融合处理以后的影像，与2007年相比，2010年的影像上可以明显看出几处填海造地的图斑。按照图4-18的技术流程先对两景影像进行一个较大尺度的分割，尺度值为300，并提取海洋水体，结果如图4-19c和图4-19d。根据两个时期的海洋水体范围，在2010年影像上获得海洋水体的变化区域，同时去除围海养殖区域等，在剩下的区域内除了填海造地等区域，还存在诸如潮滩、筑堤等一些干扰地物，因此需要对其再进行一个小尺度的分割以精确获得填海造地斑块。根据海域使用遥感动态监测业务化工作中关于填海造地信息提取精度的要求，即信息识别率达到80%以上，准确率达到80%以上，用海图斑最小识别面积16个像元，经过多次试验，确定尺度值为30即可满足该要求。因此，在经过大尺度分割提取填海造地区之后再经过尺度值为30的图像分割，并根据对象的光谱特性（DNWI<0.4）和形状特性（shape index<6）便能在后时相的影像上（2010年影像）较准确的获得填海造地变化斑块，结果参见图4-20。上述填海造地信息提取的规则集参见图4-21。

图 4-19　不同时相影像对比图，其中图 a 为庄河地区 2007 年的影像，图 b 为其 2010 年的影像，图 c 和 d 依次为两个影像的海洋水体提取结果

图 4-20　填海造地卫星遥感影像信息提取结果

```
Process Tree                                                              ︿  ×
  + ▪ 复制地图
  + ▪ 前时相海洋水体提取
  + ▪ 后时相尺度30分割
  + ▪ 后时相围海养殖提取
  + ▪ 后时相海洋水体提取
  − ▪ 填海造地提取
      ⊞ on 后时相 at  后时相尺度300: synchronize map 'main'
      ⚒ on main at  后时相: copy creating '前时相' above
      ⊞ on 前时相 at  前时相尺度300: synchronize map 'main'
      ⚒ on main unclassified with Existence of super objects 海洋水体前时相 (2) = 1  at  后时相: 填海造地
      ⚒ on main at  spec3: copy creating '围海养殖' above
      ⊞ on 围海养殖提取 at  spec3: synchronize map 'main'
      ⚒ on main 填海造地 with Existence of super objects 围海养殖 (1) = 1  at  后时相: unclassified
      ⚒ on main 填海造地 with NDWI后 ⩾ 0.4  at  后时相: unclassified
      ⚒ on main 填海造地 with Shape index ⩾ 6  at  后时相: unclassified
      ⚒ on main 填海造地 at  后时相: merge region
      ⚒ on main 填海造地 with Length\Width ⩾ 3  at  后时相: unclassified
```

图 4-21　填海造地用海卫星遥感影像信息提取规则集

二、盐田遥感监测技术

在江苏连云港地区选择一个典型的盐田用海区，如图 4-22。与围海养殖池相类似，盐田生产的各功能区均表现出较为规则的矩形形状特征，但其空间尺度要明显小于围海养殖池。同样利用 eCognition 软件进行多尺度分割，定义分割尺度范围 [5，100]，并以步长 5 进行变化，分割时设置四个波段层和一个边缘检测层的权重分别为 1，形状权重为 0.1，紧致度权重为 0.5。对每个分割尺度所得结果进行平均分割评价指数的计算，得到其最高值对应尺度值为 15 时的分割结果。因此，确定尺度 15 是从 SPOT5 卫星遥感影像中提取盐田用海信息较为理想的分割尺度。

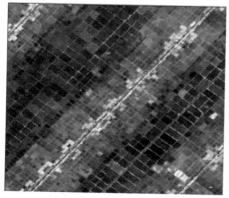

图 4-22　盐业用海卫星遥感影像样本分割结果

　　类似于围海养殖，盐田用海在大尺度空间分布上也具有集中分布的特点，且海盐生产内部各功能池周围的筑堤将其划分为网格状的面状地物。因此，也可先对其进行一个较大的尺度分割，将其与海洋、围海养殖等水体区分开，以确定盐田用海的大致分布区，然后再进行一个小尺度分割以实现各功能池的精确提取，盐田卫星遥感影像信息提取技术流程见图4-23。

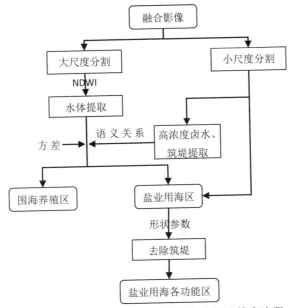

图4-23　盐业用海卫星遥感影像信息提取技术流程

　　以江苏连云港影像为例，首先在尺度值为300的分割结果上分别提取海洋水体、围海养殖区、盐业用海区。在此过程中，需根据前文研究结果，对影像进行一个尺度值为15的分割以便精确的提取盐田各功能池，并在该对象层次上提取出典型的高浓度卤水和盐田内的筑堤。由于卤水是含有大量藻类浮游生物的水体，其叶绿素浓度较高，根据Geltison等人的研究结果（Gitelson et al.，2007），三波段组合指数（对于SPOT数据，可表示为（1/band2-1/band3）×band4）可较好的指示叶绿素a浓度的高低，因此可对该指数设定阈值（three band index>-0.41）提取盐田内典型的高浓度卤水。对于筑堤的提取，可通过对形状指数设定阈值（shape index>2.5）来实现。卤水和筑堤的提取结果见图4-24a。在尺度值为300的分割结果上，内部含有高浓度卤水和大量筑堤即为盐业用海分布区，只含有大量筑堤的为围海养殖区，其提取结果见图4-24b，需要声明的是，在影像最下端的一块盐田用海区由于是位于影像边界处，造成该斑块无法较为完整的反映地物特征，因此没能识别出来。而对于盐田用海各功能池的进一步精确提取只需在盐田用海区内剔除筑堤即可，其提取结果见图4-24c。上述盐田用海卫星遥感影像信息提取的规则集参见图4-25。

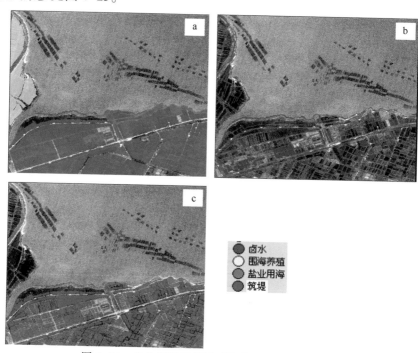

图4-24　盐业用海卫星遥感影像信息提取过程图

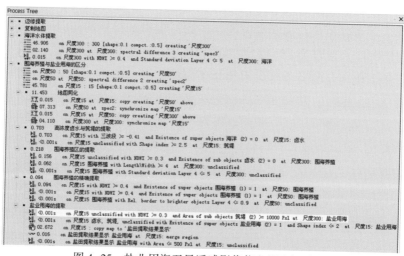

图4-25　盐业用海卫星遥感影像信息提取规则集

第五节　港池与蓄水池遥感监测技术

在近岸海域使用类型中，港池、蓄水的使用存在多种功能，有蓄水池、沉淀池，有带防浪设施圈围的电厂、船厂、渔港、旅游专用、企业专用港池，有开敞式电厂专用码头、船厂码头、渔业码头、盐业码头、旅游码头、企业专用码头的港池，还有船坞、滑道的前沿水域等。根据各港池、蓄水使用功能的不同，其在空间上的分布、结构及大小也存在较大差异。但总体而言，根据遥感影像分割尺度的大小，这些港池、蓄水可以划分为两类：一类为全包围的蓄水池（如图4-26a中虚线方框圈出的类型）和大尺度的、半包围的码头、港池（如图4-26a中实线方框圈出的类型），另一类为小尺度的、半包围的码头、港池（如图4-26b中实线方框圈出的类型）。从图上可以看出，全包围的蓄水池类似于围海养殖，只是在分布上比较零散，且其面积通常会根据用途的不同而大小不一。而半包围的码头、港池在分布上也较为零散，港

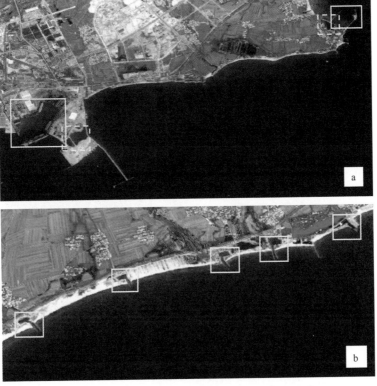

图4-26　不同类型的港池、蓄水在遥感影像上的表现

池内水体与开阔海洋水体是相通的，对于尺度较小的码头或港池在与开阔海洋水体相连时还会存在由放浪设施半圈围的前沿水域。同时，这种半包围的码头、港池由于没有独立的形状边界，且在光谱上与海洋水体相似，因此若直接利用融合后的遥感影像进行分割、信息提取，存在较大的干扰，尤其是图4-26b 中小尺度的码头、港池，其前沿水域易与周边地物相混淆。鉴于此，对于融合后影像需先进行主成分变换，去除干扰信息，并利用第一主成分波段进行遥感影像分割及信息提取。图4-27 显示了图4-26 中遥感影像经过主成分变换后的第一波段，其中图4-27a 第一主成分波段代表了原数据的91.76%的信息量，图4-27b 第一主成分波段代表了原数据的91.10%的信息量。从图中可以看出，经主成分变换后，影像噪声得到较好的抑制，且更能清楚的体现各种海域使用类型的主体结构特征。

图4-27　主成分变化后第一主成分波段图

　　利用 eCognition 软件对图7 中的两个主成分波段影像进行多尺度分割，先利用 canny 算子进行边缘检测，并设置边缘层和主成分波段层的权重分别为 1，同时设置形状权重为 0.1，紧致度权重为 0.5。经过各种尺度下的分割实验，结果显示，对于图 4-26a 中的港池、蓄水类型采用尺度值 150 时的分割效果较为理想，见图 4-28a；对于图 4-26b 中的港池、蓄水类型采用尺度值 50 时的分割效果较为理想，部分放大区域见图 4-28b。

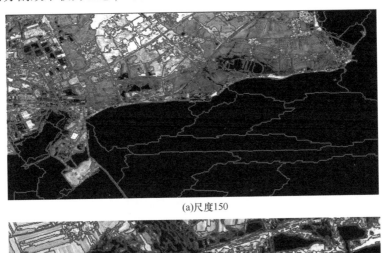

(a)尺度150

(b)尺度50

图 4-28 针对港池、蓄水的遥感影像分割结果

根据关于港池、蓄水尺度特征研究结论，港池、蓄水大致存在两类尺度的斑块，一类为全包围的蓄水池和大尺度的、半包围的码头、港池，另一类为小尺度的、半包围的码头、港池，它们分别对应不同的最佳分割尺度。从影像上看，港池、蓄水内部的主要组成还是海水，因此具有与水体相类似的光谱特征。蓄水池四周一般具有全封闭的筑堤，而码头、港池周边由于只有半封闭的筑堤，因此往往与海洋水体相通，且多数表现为较为规则的矩形形状。根据这些光谱、形状、语义特征可进行港池、蓄水信息的提取。港池、蓄水池卫星遥感影像信息提取技术流程见图 4-29。

以秦皇岛地区为例，先进行尺度值为 300 的卫星遥感影像分割，并按照

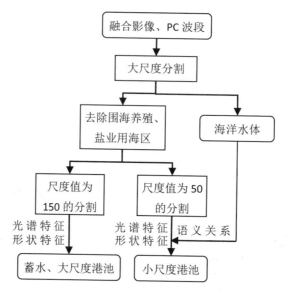

图 4-29　港池、蓄水用海卫星遥感影像信息提取技术流程

前文方法在该尺度对象层上将围海养殖和盐业用海区提取出来，同时提取海洋水体区域。对剩下的未分类区域利用主成分分析提取出来的第一主成分再进行两个小尺度值的分割，分别为 150 和 50，并将分割结果同化到尺度值为 300 的融合影像分割结果上。在分割尺度为 150 的对象层上，根据对象光谱特征（DNWI > 0.45，Rel border to brighter object > 0.75）和形状特征（Rectangular Fit>0.8）即可在未分类对象中提取出蓄水池和大尺度的码头、港池，其结果见图 4-30a。在分割尺度为 50 的对象层上，同样根据对象光谱特征（DNWI>0.45，Rel border to brighter object >0.75），同时考虑语义特征（与海洋水体对象相邻），即可在未分类对象中提取出小尺度的码头、港池，其结果见图 4-30b。上述港池、蓄水卫星遥感影像信息提取规则集参见图 4-31。

图 4-30　港池、蓄水信息提取结果

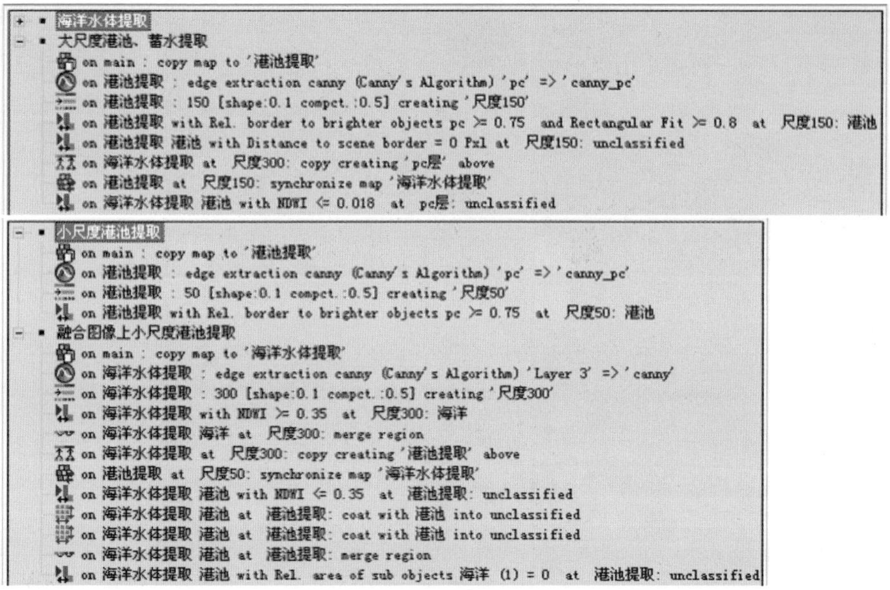

图4-31 港池、蓄水用海卫星遥感影像信息提取规则集

第六节 重点用海类型遥感监测精度评价

按照上述各类别分类规则进行典型用海方式信息提取,图4-32显示了各融合图像与其相应信息提取结果。从图上可以看出,分类结果能较为准确、真实的反映影像中各类别的空间分布情况。一般定量表达分类精度的最普遍方法是构建分类误差矩阵(也称为混淆矩阵),分类误差矩阵是将分类结果与参考数据基于像元逐一对比得到的。本节通过目视解译得到各种典型用海方式类别分布,并将其作为参考数据与自动提取的类别进行比对计算,检验结果见表4-1。总体而言,基于面向对象的海域使用信息提取技术具有较高的分类精度,各评价精度计算值普遍高于80%,可满足海域使用遥感动态监测的技术要求。相比之下,围海养殖和盐业用海的分类精度略低,这是由于两者内部由于筑堤的围割,结构较为复杂,且具有相似的网格结构,易于混淆。此外,盐业用海内部的各种功能池表现出来的光谱特征差异也较大,因此较难用统一的特征阈值进行各种功能池斑块的提取。

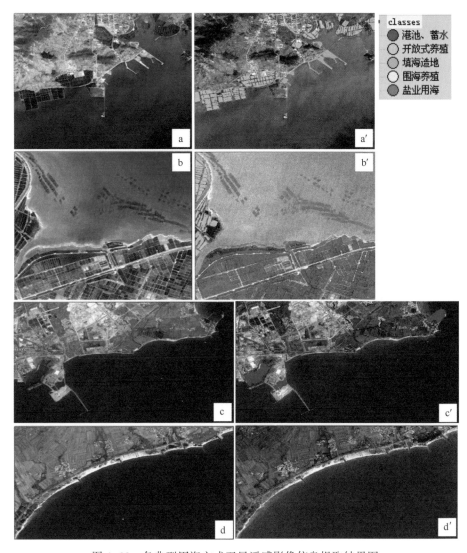

图 4-32   各典型用海方式卫星遥感影像信息提取结果图

表 4-1 典型用海方式信息提取误差矩阵

典型用海方式		参考数据							
		围海养殖	盐业用海	开放式养殖	填海造地	港池、蓄水	未分类	用户精度/%	错分误差/%
分类结果	围海养殖	820 065	0	0	0	0	71 019	92.03	7.97
	盐业用海	90 309	1 818 218	0	0	0	219 786	85.43	14.57
	开放式养殖	0	0	200 876	0	0	10 132	95.20	4.80
	填海造地	0	0	0	264 225	0	28 968	90.12	9.88
	港池、蓄水	0	0	0	0	111 392	2 518	97.79	2.21
	未分类	45 113	412 789	13 118	11 325	12 404	—	—	—
	生产精度/%	85.83	81.50	93.87	95.89	89.98	—	—	—
	漏分误差/%	14.17	18.50	6.13	4.11	10.02	—	—	—

围海养殖的漏分情况主要表现在盐业用海区有时会存在少量的围海养殖斑块，而这些斑块较难识别，往往会划分到盐田用海方式中。此外，在围海养殖池四周存在筑堤，而这些筑堤的阴影常常会造成提取出来的围海养殖池比实际面积要小。而围海养殖的错分情况则主要表现在有些筑堤在影像上表现不明显，有时会一并划分到围海养殖斑块中。

盐田用海的漏分和错分情况主要表现在其功能池种类较多，光谱差异较大，易与其他地物相混淆。例如，结晶池中盐踝的存在会表现出与堤筑相类似的光谱特征，因此，有时未能较好的识别出结晶池，有时将岸堤、筑堤等地物一并划分为盐业用海类别。

相比而言，开放式养殖具有较好的语义特征，即其空间分布一般位于海洋水体内部，因此，该类别提取规则集较为简单，同时也能得到较好的分类精度。其漏分、错分情况主要表现为与海水的混合存在，使得其与周边海水光谱特征差异不是很大，有时会存在漏分、错分的现象。

填海造地的漏分误差要明显小于错分误差，这是由于为了保证对填海造地类型具有较高的识别率，包括对填海造地工程在初期时较小面积斑块的识别，基于本文确定的分割尺度及技术流程有时会将岸堤、筑堤、潮滩的变化一并识别出来，因此，填海造地的最终识别还需结合其他辅助数据进行验证，例如野外调查数据、海域使用功能区划数据等。

港池、蓄水的错分误差要明显小于漏分误差。这是由于与围海养殖和盐业用海相比，港池、蓄水在空间分布上较为分散，往往呈单个、零星分布；与填海造地和开放式养殖在光谱特征上又存在较大差异，因此不易与上述其他地物相混淆。但港池、蓄水的空间大小往往会由于其功能的不同存在较大差异，因此有时根据单一尺度的分割结果会遗漏掉一些小的蓄水池或半封闭的港池。

本章小结

对用海类型与方式的遥感信息提取是海域使用遥感监测的核心内容。目前，在"国家海域使用动态监视监测管理系统"中，海域使用状况的遥感信息提取方法不够成熟，缺乏具有统一标准的技术流程。此外，信息提取方法主要是目视解译，不仅费时费力，并且提取精度在很大程度上取决于判读人员的熟练程度。本章主要针对上述问题，论述了重点用海类型与方式的遥感监测技术。根据当前我国海域使用现状特点，本章归纳的重点用海类型包括围海养殖用海、开放式养殖用海、填海造地用海、盐田用海、港池/蓄水池用海等。针对每一种重点用海类型特征，分别建立遥感监测技术，为重点用海类型的遥感监测信息提取提供技术依据，以提高海域使用遥感信息提取的自动化水平和标准化程度。

第五章　建设用海遥感监测技术

第一节　建设用海项目遥感监测技术流程

在建用海是指通过开发围填海域建设用海工程项目的用海活动，建设用海项目主要包括临海工业用海项目、港口码头用海项目、跨海大桥用海项目、旅游基础设施用海项目、海洋能开发利用用海项目、海水综合利用用海项目等，这些建设用海项目多采用围填海方式开发利用海域。因此，本节主要论述建设用海项目围填海遥感动态监测技术。

一、在建用海项目遥感动态监测工作组织原则

在建用海项目遥感动态监测工作按照"分级负责、属地管理"的原则组织开展。国家海洋局负责全国在建用海项目遥感动态监测工作的组织领导和监督管理，下达国家级审批的用海项目监测任务。省级海洋行政主管部门负责本地区在建用海项目遥感动态监测工作的组织协调和监督管理，下达省级审批的用海项目监测任务。市级海洋行政主管部门负责本地区在建用海项目地面动态监测工作的组织实施。

国家海域动态监管中心负责统一实施全国在建用海项目的遥感动态监测，提供遥感影像资料，并在各省监测成果汇总和分析评价的基础上，编制全国在建用海项目遥感动态监测季报。省级海域动态监管中心负责对市级监测成果进行汇总和分析评价，编制本省在建用海项目遥感动态监测季报。市级海域动态监管中心负责本地区内在建用海项目的现场监测，结合遥感监测数据，编制上报在建用海项目海域使用动态监测报告，并负责及时将监测成果录入国家基本系统软件。

二、在建用海项目遥感动态监测工作流程

在建用海项目遥感动态监测工作包括下达用海批复文件、下达动态监测委托函、编制动态监测方案、首次监测、例行核查监测、竣工验收监测和编制动态监测报告 7 个方面的工作环节，具体如下。

（1）下达用海项目批复文件。国家、省级海洋行政主管部门在下达用海项目批复文件时，若决定对其实施动态监测，应在批复文件中明确海域使用动态监测具体要求、监测任务承担单位以及海域使用权人配合监测工作的义务，包括重要施工节点（如：施工开始前、围海完成、填海造地完成等）前向批复该用海项目的海洋行政主管部门主动报告，接受监督、监测。

（2）下达动态监测委托函。批复项目用海的海洋行政主管部门向承担监测任务的海域动态监测机构正式下达书面委托函，并抄送项目用海单位。

（3）编制动态监测方案。海域动态监测机构接受委托后，应当及时编制用海项目海域使用动态监测实施方案，报请监测任务委托方审查同意后实施。

（4）首次监测。接受委托的海域使用动态监测机构于项目开工建设前持委托函进行遥感与现场监测，并填写首次监测报表。

（5）例行核查监测。用海项目实质性（围、填海）工程开始后，接受委托的海域使用动态监测机构持委托函于项目重要施工节点（如：围海完成、填海造地完成等）至项目海域开展遥感与现场监测，并填写例行核查监测报表。

（6）竣工验收监测。用海项目完成施工，向审批该项目的海洋行政主管部门申请竣工验收。该海洋行政主管部门向相关海域动态监测机构正式下达书面委托函，委托其竣工验收中派员到场监督，并做好相关记录，填写竣工验收监测报表。

（7）编制动态监测报告。用海项目施工结束，负责监测任务的动态监测机构应及时汇总施工过程的各次监测成果，编制该用海项目动态监测报告。

三、在建用海项目海域使用遥感监测技术流程

在建用海项目海域使用遥感动态监测采用遥感监测与现场监测相结合的方式。遥感监测和现场监测互为补充，节约成本，提高监测的精准度和广度。原理是通过测量监测项目建设前海岸线的位置与形态和项目建设后海岸线的位置与形态，并将两者进行空间叠加，寻找海岸线发生变化的区域，并加以

地面核实，确定在建用海项目的位置、用海平面形态与用海空间布局。

采用遥感监测在建用海项目动态，对遥感数据的质量要求包括：①时相选择：选择地表地物类型之间光谱差异明显的季节影像，4~10月份为最佳时相；②空间分辨率选择：一般选用空间分辨率10~20 m的遥感数据；对于重点建设用海项目动态的特殊监测可选用空间分辨率2.0~5.0 m的高空间分辨率遥感影像，更高的监测精度要求可选用1.0 m以内的高空间分辨率遥感影像；③波段选择：对于只做空间形态监测的，选择黑白波段即可，如果需要制作在建用海项目动态监测彩色专题图，至少有红、蓝、绿三个波段。

在建用海项目遥感动态监测技术流程包括：①外业勘察准备。熟悉在建用海项目区图件、资料的基础上，做好野外踏勘点布设、影像控制点测量布设，确定外业的工作路线与方法；②地面控制点测量。按照遥感影像面积与形状，在影像上均匀布设地面控制点，采用包括RTK等测量设备及与之配套的测量软件，测量卫星遥感影像几何精校正所需的地面控制点；③监测数据预处理。遥感监测数据预处理基本内容包括卫星数据辐射校正、几何校正、镶嵌和数据融合等；④现场勘察，根据在建用海项目空间布局形态，随机选取均匀分布的若干地面勘察点，可采用样方法（样带法、样线法）设置调查点，调查在建用海项目的用海方式、形态，拍摄相应的现场实况照片与录相，并作详细现场记录；⑤解译标志建立，采用差分GPS准确定位各个主要用海类型踏勘点的经纬度位置，确定用海类型的遥感影像特征，建立遥感影像解译标志样本；⑥海岸线信息提取。采用遥感影像信息自动提取或人机交互的方式提取海岸线，对于自然海岸线为海岸植被边缘线或建筑外缘线，对于人工海岸线为多水陆交界线；⑦区域监测。将用海项目建设前的遥感影像提取海岸线与用海项目建设后的遥感影像提取海岸线进行空间叠加，检测出海岸线发生变化区域；⑧地面核实。确定海岸线发生变化区域的地理位置，携带GPS进行海岸线变化区域地面现场核实，确定海岸线变化区域为在建用海项目施工所引起，即为在建用海项目区域。

在建用海项目遥感动态监测的主要内容包括：①项目施工前海域本底状况监测，包括：原始岸线分布、海域开发利用情况等；②项目施工进展情况监测，包括：用海方式、用海范围、用海面积等是否与用海项目批准要求相符，施工工艺及施工方式是否遵循设计方案，临时设施是否按规定施工并及时拆除，海域使用对策措施是否得到有效落实等；③用海项目竣工后利用情况监测，包括：实际用途是否更改，填海形成的土地是否闲置，是否存在未经验收擅自换发土地使用证行为等。

接受委托的动态监测机构在实施完成在建用海项目遥感动态监测工作后，应及时将监测成果整理，并录入国家基本系统软件，并编制动态监测报告。用海项目海域使用动态监测报告应包括工程项目概况、开展动态监视监测情况、动态监视监测结论、围填海项目用海权属信息表、首次监测和例行核查监测历次报表等内容和成果。

第二节　建设项目用海动态遥感监测技术方法

建设项目用海动态遥感监测一般要求采用高空间分辨率（优于 5.0 m）遥感影像，监测节点包括建设项目实施前的首次监测、例行监测（围堰过程监测、填海过程监测、填海完成前监测）和竣工验收监测。首次监测的重点是项目所在海域现状，包括海域自然状况、周边海域开发利用现状。同时在项目开工建设前进行现场勘查，测量记录用海项目所在海域原始海岸线位置及周边海域使用现状，拍摄项目所在海域影像资料。并绘制项目周边海域开发利用现状图，图件内容应包括项目海域原始海岸线位置、周边海域开发利用现状及项目申请用海范围等。例行监测重点是监测围填海工程的施工进展动态，包括：围堰工程位置、围填海工程范围、围填方式、围填海域面积、围填界址坐标等与海域使用确权批复的相应内容符合情况。竣工验收监测重点是围填海工程用海权属核查，具体包括：填海工程位置、填海工程范围、填海工程用途类型、填海面积、填海界址坐标等与海域使用确权批复的相应内容符合情况。实测围填海工程的界址拐点，绘制填海项目实测图及核查图，反映填海工程用海范围现状与确权用海范围对比情况。

本节以某建设项目填海工程用海遥感监测为例，描述建设项目用海动态遥感监测技术方法。根据工程围填海施工实际进度，于重要节点开展监测，基本半年开展一次监测。监测采用遥感解译和现场测量相结合的方式。建设项目用海动态遥感监测具体内容如下。

（1）用海项目施工前海域本底状况，包括：原始海岸线分布、海域开发利用现状；

（2）工程围海、填海等施工进展状况；

（3）用海位置、面积、范围、围填海及构筑物用途等用海现状是否与批复的相应内容相符；

（4）围填海形成陆域或围区的实际开发利用状况，包括：填海形成的土地是否闲置，实际用途是否更改等；

（5）通过现场勘察，监督工程施工工艺及施工方式是否遵循设计方案，是否有违规施工情况。

动态监测需要收集的资料包括：①用海项目海域使用批复文件，包括海域使用权属登记表、宗海界址图、宗海位置图、海域使用权证书的复印件；②用海项目的平面布置图、工程施工纵剖面图等；③施工工艺、施工方案、工程量及施工进度安排资料；④海域使用论证报告报批稿及专家意见。

一、建设项目填海工程概况

本用海项目为省重点支持项目，项目名称：（此处略），位于：（此处略），工程范围：北起＊＊，向南至＊＊，东至＊＊，西界为＊＊。项目占用自然岸线2 172米，用海批复时间2011年8月29日，施工期3年，用海总面积761.197 9公顷，其中填海造地467.628 0公顷，非透水构筑物27.811 2公顷，港池265.758 7公顷，详见表5-1。

表5-1　项目用海单元及界址线

用海单元	界址线	面积（公顷）	用海方式
码头、堆场	1-2~23-1	467.6280	填海造地
防波堤	1-G1~G9-3-2-1	27.8112	非透水构筑物
港池	3-G9-G8-G7-W1-6-5-4-3	265.7587	开放式

1. 防波堤及围堰工程施工

本项目防波堤及护岸、围堰工程量较大，按常规的回填工程施工工艺进行施工，采用陆上端进法抛填堤心块石，然后抛埋垫层块石和护面、护底块石。本区域地形以丘陵为主，石料资源丰富，回填料均来自回填区邻近的丘陵。

2. 填海造地工程施工

填海造地工程主要施工方式为港池疏浚物吹填，补充小部分的开山石回填完成。疏浚及吹填工程施工采用船舶吹填点，挖泥船选用效率为2 500 m³/h以上的大型绞吸船与1 000 m³/h的小型绞吸船相结合的方案，先由小型绞吸船对表层土进行疏浚，当疏浚后水深满足大型绞吸船正常工作的吃水要求时再利用大型绞吸船对水域继续疏浚，以达到设计要求。对于吹距较近的区域，疏浚土可直接由绞吸船吹至吹填区域，对于少量吹距较远的区域，采用加设接力泵站以满足吹填要求。

二、首次监测

收集到项目海域 2011 年 8 月 18 日的 SPOT5 卫星影像，见图 5-1。经核对，本项目申请用海界址点紧邻海岸线的部分均位于管理岸线的向海一侧。从遥感影像上可见，在项目用海区域东北角，形成一处长约 319 米，宽约 35 米的白色高亮区，其颜色较周围海水明亮，初步判断有"未批先建"嫌疑，需现场踏勘核实。

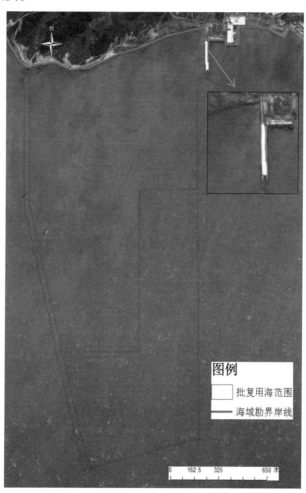

图 5-1　施工前遥感监测

2011年8月22日，赴现场进行踏勘测量，实测作业现场4个点位，坐标见图5-2。现场勘察发现，遥感监测发现的疑点疑区处为推填出的一条长318 m，宽35 m的非透水构筑物，与相关海洋管理部门核实后，断定为"未批先建"违规用海行为，违规填海面积1.0796公顷。

图5-2　施工前现场监测

三、第二次监测

收集到项目海域2012年3月2日的SPOT5卫星遥感影像，见图5-3。从遥感影像上可见，项目用海区域围填海施工向海推进，外侧围堰已形成，影像特征清晰、平直，围堰折角大多接近直角，已完成围海191公顷。其中，位于围海区域东部的A区和B区，影像的颜色、纹理均与周围海水反差较大，尤其位于东北角的 A 区，影像颜色明显比周围海水明亮，可见网格状道路及部分建筑，初步判断为填海成陆后的在建区，面积约 8 公顷；B 区中的一部分影像颜色基本与周围陆域裸露地相近，初步判断为已成陆区，面积约 22 公顷；位于围海区域西侧的 C 区大部分，其影像的颜色与周围海水相近，可见外侧围堰内还设置了内部围堰，并可见流线形纹理，据此初步判断为在填区，面积约 105 公顷。此外，该项目围填海区域东侧距离 340 米，可见一块 17 公顷区域，其影像颜色和纹理与周围海水反差较大，经与相关部门核实，为一处在建的围填海项目。

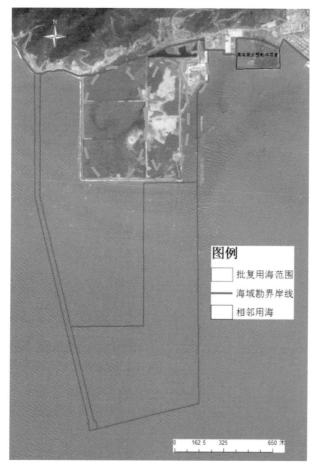

图 5-3　2012 年 3 月遥感监测

2012 年 3 月 7 日，赴现场进行踏勘测量，由于内部吹填沉降区无法进入，只实测了外侧围堰相关拐点，共计实测 22 个点位，见图 5-4。现场勘察发现，围填海施工在项目批复用海范围内，没有擅自改变用海位置和超填超围违规施工现象，已完成围海 191.235 1 公顷。现场正在向已形成的围堰内进行吹填施工作业，位于围海区域东北角的 A 区已完成地面硬化，并建设了部分厂房和道路，B 区正处于吹填作业后的沉降阶段，C 区尚处于大规模吹填作业阶段。该项目围填海区域东侧近邻有一处围填海施工作业现场，为已获批复的某混凝土预制件制造项目场地。

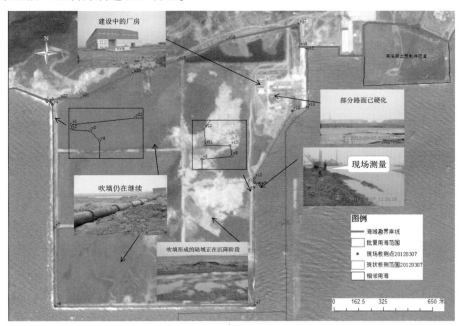

图 5-4　2012 年 3 月现场监测

四、第三次监测

收集到项目海域 2012 年 9 月 6 日的 SPOT5 高分辨率卫星影像，见图 5-5。从遥感影像上可见，项目用海区域围填海施工继续向南侧、东侧、西侧海域推进，外侧围堰已全部形成，并形成一条近 4300 米的防波堤，影像特征清晰、平直，围堰折角大多接近直角，已完成围填海 386 公顷。目标区域大部影像的颜色、纹理与周围海水反差较大，影像颜色明显比周围海水明亮，可见部分绿地及建筑，初步判断为填海成陆后的在建区；围填海区域东南侧部分影像颜色高亮，岸线平直，并可见停靠的船舶，初步判断为已经形成的码头泊位；仅见目标区域西侧约 54 公顷围海区域的影像颜色与周围海水相近，初步判断为在填区。经叠合本项目的批复用海范围发现，本次围填海区域东侧码头泊位区域约 6 公顷超出批复用海范围，超填嫌疑较大，待现场勘察核实。此外，该项目围填海区域东侧、东南侧，可见几块影像颜色高亮区域，经咨询相关部门，为几处在建的围填海项目。

图 5-5　2012 年 9 月遥感监测

2012 年 9 月 12 日，赴现场进行踏勘测量，实测了外侧围堰相关拐点，共计 31 个点位，坐标见图 5-6。现场勘察发现，项目围填海施工继续向海侧大范围推进，围填区域外侧围堰已全部形成，已完成围海 386.105 8 公顷，围填海区域西侧已建成一条 4 275 米的防波堤，围填海区域东侧形成的陆域已完成地面硬化，并正在进行厂房、绿地和码头泊位建设，现场发现停靠的船舶，码头部分泊位已进入试运营阶段，经现场核测证实，东侧建成的码头区域确实存在超范围填海造地的问题，超项目批复用海范围填海 6.265 7 公顷。此外，该项目围填海区域东侧、东南侧，可见几处在建的围填海项目。

五、第四次监测

收集到项目海域 2013 年 3 月 5 日的环境减灾卫星低分辨率（30 m）影像，见图 5-7。从遥感影像上可见，项目用海区域围填海施工继续向南侧海域推进，对比上次监测结果，又向南侧海域围出约 102 公顷海域，从影像上

图 5-6 2012 年 9 月现场监测

图 5-7 2013 年 3 月遥感监测

观察，项目海域外侧围堰已全部形成，至此，已完成本项目填海造地部分全部的围海作业。目标区域大部影像的颜色、纹理与周围海水反差较大，影像颜色明显比周围海水明亮，初步判断为填海成陆后的在建区或成陆区；目标区域最南侧新围成海域的影像颜色与周围海水相近，初步判断为在填区。经叠合本项目的批复用海范围发现，本次围填海区域东侧区域约6.323 3公顷，西侧约3.867 7公顷超出批复用海范围，超填嫌疑较大，待现场勘察测量核实。此外，该项目围填海区域东侧、东南侧，可见几块影像颜色高亮区域，经咨询相关部门，为几处已批在建的围填海项目。

2013年3月9日，赴现场进行踏勘测量，实测了外侧围堰相关拐点，共计30个点位，坐标见图5-8。现场勘察发现，项目围填海施工继续向南侧海域推进，围填区域外侧围堰已全部形成，已完成本项目填海造地部分所有的围海施工作业，围填海区域北侧、东侧大部分区域已完成地面硬化，并正在进行厂房、道路和码头泊位建设，南侧新围区域内大部分还是海水，现场正在进行吹填作业。经现场核测证实，东侧建成的码头区域存在的超范围围填海造地问题已经被依法查处，并已停止违法用海行为，对比本次实测结果和上

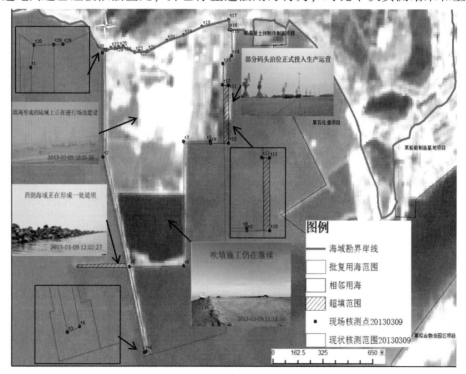

图5-8　2013年3月现场监测

次监测结果发现，该区域的超填范围没有增加；遥感监测发现的位于项目西侧的疑点疑区，经现场勘察发现，确实是一处在建的非透水堤坝，由于无法进入，没有进行实地测量，仅从遥感影像上可见该构筑物长约1 679米，面积3.867 7公顷，经相关海洋部门核实后发现，该处用海属于未批先建违规用海行为，但与本项目海域使用权人无关。此外，该项目围填海区域东侧、东南侧，可见几处在建的围填海项目。

六、第五次监测

收集到项目海域2013年9月20日的RAPIDEYE高分辨率卫星数据，见图5-9。从遥感影像上可见，项目用海区域围填海施工基本已完成，对比上次监测结果，围海面积没有增加，围海区域内全部形成陆域，尤其是围填海区域的东侧，影像的颜色、纹理与周围海水反差极大，影像颜色明显比周围海水明亮，并可见清晰的网状道路及较密集的建筑形态，初步判断为已建成或在建的厂房。经叠合本项目的批复用海范围发现，本次围填海区域东侧区域约6.323 3公顷超出批复用海范围，初步判断为已依法查处过的超填用海，待现场勘察测量核实。此外，该项目围填海区域东西两侧及东南侧，可见几块影像颜色高亮区域，经咨询相关部门，为几处已批在建的围填海项目。

图5-9　2013年9月遥感监测

　　2013 年 9 月 26 日，赴现场进行踏勘测量，实测了外侧围堰相关拐点，共计 30 个点位，坐标见图 5-10。现场勘察发现，项目围填海施工已基本完成，围填海区域北侧、东侧大部分区域已完成地面硬化，并正在进行厂房、道路建设，东侧的码头停靠区已进入正常营运阶段，围填海区域南侧的吹填作业已完成，正处于沉降阶段。经现场核测证实，东侧建成的码头区域存在的超范围围填海造地问题已经被依法查处，并已停止违法用海行为，对比本次实测结果和上次监测结果发现，该区域的超填范围没有增加，除此之外，项目所有的用海行为均在批复范围内，未发现违规用海及违规施工行为。该项目围填海区域东西两侧及东南侧，可见几处已批在建的围填海项目。

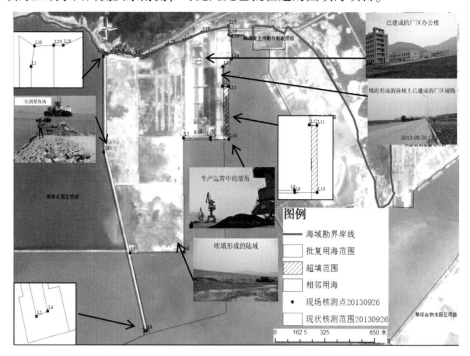

图 5-10　2013 年 9 月现场监测

七、建设项目用海动态遥感监测汇总

　　根据本工程围填海施工实际进度，共开展 5 次监测，施工前 1 次，施工期 4 次。监测主要围绕海域使用权属核查开展，重点关注工程围填海施工进展、海域使用现状是否符合批复等方面，项目围填海施工进展历次核查勘测绘总结果如图 5-11 所示。

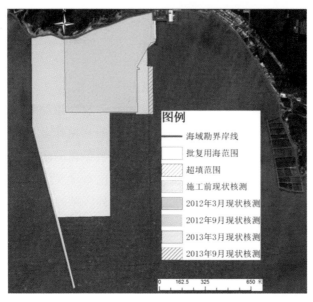

图例
── 海域勘界岸线
　批复用海范围
▨ 超填范围
　施工前现状核测
　2012年3月现状核测
　2012年9月现状核测
　2013年3月现状核测
▨ 2013年9月现状核测

图 5-11　项目围填海施工进展历次核查勘测结果汇总

本项目批复前，现场勘察发现，申请用海区东侧已推填出一条长 318 m，宽 35 m 的非透水构筑物，被相关海洋管理部门判定为"未批先建"违规用海行为，违规填海面积 1.079 6 公顷。

2012 年 3 月监测发现，项目用海区域围填海施工向海推进，围填海施工在项目批复用海范围内，没有擅自改变用海位置和超填超围违规施工现象，完成围海 191 公顷。围海区域东北角已完成地面硬化，并建设了部分厂房和道路，其余大部尚处于大规模吹填作业阶段。

2012 年 9 月监测发现，项目围填海施工继续向海侧大范围推进，并形成一条 4 275 米的防波堤，围填海区域东侧形成的陆域已完成地面硬化，并正在进行厂房、绿地和码头泊位建设，现场发现停靠的船舶，码头部分泊位已进入试运营阶段，经现场核测证实，东侧建成的码头区域存在超范围填海造地问题，超项目批复用海范围填海 6.265 7 公顷。

2013 年 3 月监测发现，项目围填海施工又向南侧海域推进 102 公顷，项目海域外侧围堰已全部形成，围海面积 490 公顷，至此，已完成本项目填海造地部分所有的围海施工作业。围填海区域北侧、东侧大部分区域已完成地面硬化，并正在进行厂房、道路和码头泊位建设，南侧新围区域内大部分还是海水，现场正在进行吹填作业。经现场核测证实，东侧建成的码头区域存在的超范围填海造地问题已经被依法查处，并已停止违法用海行为，对比本次实测结果和上次监测结果发现，该区域的超填范围没有增加。

2013年9月监测发现，项目用海区域围填海施工已基本完成，对比上次监测结果，围海面积没有增加，围海区域内全部形成陆域，围填海区域北侧、东侧大部分区域已完成地面硬化，并正在进行厂房、道路建设，东侧的码头停靠区已进入正常营运阶段，围填海区域南侧的吹填作业已完成，正处于沉降阶段。经现场核测证实，东侧建成的码头区域存在的超范围填海造地问题已经被依法查处，并已停止违法用海行为，对比本次实测结果和上次监测结果发现，该区域的超填范围没有增加，除此之外，项目所有的用海行为均在批复范围内，未发现违规用海及违规施工行为。

第三节　海域使用疑点疑区遥感监测技术

海域使用疑点疑区是指海域使用过程中疑似违规违法的用海点和用海区，它主要是为了反映项目实际用海过程中遵从项目用海批复要求的程度，重点反映用海违规违法情况。海域使用疑点疑区遥感监测是海域使用之法检查的重要前期工作，也是海域使用管理效果的重要表征。

一、海域使用疑点疑区遥感监测技术流程

海域使用疑点疑区遥感监测主要包括海域使用疑点疑区遥感监测影像与数据的收集、海域使用疑点疑区遥感监测影像与数据的整理、海域使用疑点疑区遥感影像信息提取、海域使用疑点疑区现场核查、海域使用疑点疑区监测结果总结、海域使用疑点疑区监测结果信息反馈及入库等几部分。

1. 海域使用疑点疑区遥感监测影像与数据收集

海域使用疑点疑区遥感监测前应收集相应的基础地理数据、遥感影像和用海审批确权数据。基础地理数据主要包括基础地理底图、海域勘界海岸线及行政边界线。其中基础地理底图中诸如行政区划划分、行政单位名称、岛礁名称等主要用于疑点疑区所属行政区域判定和制图，海域勘界的海岸线和行政边界线主要用来划分海域行政管理范围，确定用海行政管理范围后，再通过遥感影像处理和影像分类提取等技术提取相应的疑点疑区，高精度的参考影像数据则用于新一期原始影像的校正工作。为保证海域使用疑点疑区信息提取的一致性和实效性，原始影像应尽可能选择同一时间段、同一分辨率

的影像，在进行影像校正过程中，要注意影像的投影和坐标系，并保证校正精度。用海审批数据则主要是国家及地方各级海洋行政管理部门批准的海洋功能区划、区域用海规划及用海项目数据。

2. 海域使用疑点疑区遥感监测影像与数据整理

在对影像进行操作时，可采用常规诸如 Erdas、ENVI 等遥感软件对单景影像进行逐一处理，亦可采用 GXL、像素工厂等影像批处理软件，进行诸如 GCP（地面控制点）自动采集、批量影像正射校正、影像自动镶嵌、批量影像自动融合、匀色等数据处理工作，以提高影像处理的工作效率，缩短影像处理工作周期。用海项目信息中包含有用海类型、用海方式、宗海面积、审批日期、用海期限、海域使用权人等基本信息，所有数据均需要进行矢量化、标准化处理并采用统一的 GIS 格式、投影方式和坐标系，以方便日后的动态监测工作。

3. 海域使用疑点疑区信息提取

对于海域使用疑点疑区遥感信息提取工作，首先是通过自动变化检测和人工解译等多种方法相结合的方式提取两期遥感影像上新增的海域使用信息，制作海域使用新增区块初步目录。对于新发现的海域使用区域，需要完善海域使用区块所在区域位置、坐标、面积、所属行政区划、周边用海项目等基本属性信息。海域使用新增区块核查目录经与海域使用审批数据叠加对比后，从用海位置、用海面积、用海类型、用海重叠性等各方面掌握新增海域使用区块用海的合法性和合理性，对于符合用海审批规划的，详细了解项目用海施工进展情况，查看对周边用海项目是否有较大影响。对于与海域使用审批数据不相符合的区域，界定为疑似违规违法的海域使用疑点疑区。根据目前已掌握的各类用海审批数据、在审用海数据和实际海域使用情况，可大体划分为未批先用、边批边用、超面积使用等多种情况。

4. 海域使用疑点疑区现场核查

海域使用疑点疑区现场核查采取现场核查、无人机遥感监测等手段进行用海项目海域使用现状核实，掌握详细的用海现状资料。现场核查主要采用 RTK、差分 GPS 等测绘技术手段对已使用海域开展实地测量，计算实际用海面积，并对实际用海人和周边用海情况影响进行调查，无人机遥感监测主要采用无人机技术，获取高精度（最高可达 0.1 米）遥感影像和现场视频，宏观、立体、及时的反应疑似违规用海现状。两种调查手段互为补充，以便全面掌握用海实际情况。

5. 海域使用疑点疑区监测结果总结

海域使用疑点疑区现场核查完成后，结合基础地理数据、用海审批数据等资料，将各海域使用疑点疑区所在位置、用海现状、用海面积、周边用海信息及用海变化趋势等进行综合分析，形成海域使用疑点疑区动态监测报告，形成数据分析、统计与指标评价技术体系，制作海域使用疑点疑区图集及报告。在制作报告中，针对研究区域整体，应从宏观上了解海域使用疑点疑区分布情况和各类违规用海数量和面积，把握海域使用热点区域及变化趋势；掌握各省、市实际审批和实际使用海域面积。针对单个海域使用疑点疑区，应掌握该区域的动态变化情况和项目审批情况，推算项目施工实际进度，必要时进行跟踪监测，确保申请用海情况与实际用海情况相一致。

6. 海域使用疑点疑区监测结果信息反馈与结果入库

海域使用疑点疑区遥感动态监测可视监测区域大小采用定期和不定期两种监测形式，常规工作中应至少每半年进行一次大范围的疑点疑区遥感监测，对于重点区域和重点项目，可采用不定期监测的形式提高监测频率，及时掌握围填海变化，并以图集和简报等多种形式及时报送海域管理部门和海监执法机构，为海域管理部门和海监执法机构服务，并及时将疑似违规用海的监测数据录入到国家海域动态监视监测系统中。

二、海域使用疑点疑区遥感监测技术方法

1. 监测区域遥感影像掩膜处理

用于海域使用疑点疑区监测的遥感影像中通常含有大量陆地、植被等信息，对于海域使用疑点疑区监测来说，如果直接采用检测方法在整景遥感影像中提取海域使用疑点疑区，无疑具有较大的数据运算量，鉴于海域使用疑点疑区只可能出现在向海一侧，且是逐年向外扩展，因此海域使用的变换区域较为固定，可结合海域勘界的海岸线大量缩小陆地区域，大范围减少检测区域，然后再应用各种检测、分类算法对海域使用疑点疑区进行精确检测。

在实际作业中，对研究区域进行掩膜处理时首先要将海域勘界岸线数据构造成向陆一侧的面域，以确保陆地区域能够运用掩膜功能将无关数据进行剔除。在实际操作中，可直接运用 ERDAS 和 ENVI 中的掩膜工具，或者运用

ERDAS 的 Model Maker 功能模块编写模型计算掩膜区域，Model Maker 功能模块提供了自行编写模型的可视化界面。利用此模块，根据实地情况，对研究区域进行掩膜。

2. 海岸线变化法提取海域使用疑点疑区

海域使用新增区常出现在海岸线附近，且向海洋方向扩展。因此两期遥感影像所提取的海岸线所夹的变化区域包含了新增海域使用区域，叠加海域确权数据后即可判断变化区域是否为海域使用疑点疑区。

在已有研究及对海域使用疑点疑区特征分析的基础上，可以采用海岸线变化法（两期影像的海岸线构面）提取海域使用疑点疑区。基本思路是先采用卫星遥感影像提取两期的海岸线，然后用两期的海岸线构面。技术路线如图 5-12。

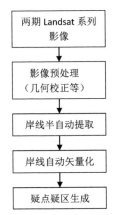

图 5-12　海岸线变化法提取海域使用疑点疑区流程

首先，对两期影像进行预处理，进行几何校正。保证在同一个坐标系下提取两期影像的海岸线，以减少误差。

几何校正步骤如下：

地面控制点选取：地面控制点可以从已有的矢量化地形图中获得也可以用 GPS 野外测得。若从地形图上选择控制点，则需选取明显、清晰定位的标志物，所选标志物不随时间的变化而变化，而且控制点要均匀分布。

遥感影像重采样：重新定位后的像元在原遥感影像中分布不均匀，很多像元之间有空隙，因此需要根据输出影像上的各像元在输入影像中的位置，对原始图像按一定规则重采样，建立新的影像图。

接下来进行海岸线的提取，方法为区域生长法。选择的实验区域与区域生长法提取到的海水区域如图 5-13 所示。全自动提取海岸线时相似性规则阈值过大会导致海岸线向陆地方向延伸，阈值过小则由于噪声的存在可能出现生成的区域中有大量孔洞，生成区域较小。因此可以用半自动方法设置中等或较小的阈值多次生成海水区域。另外种子像元的选取对生成的区域影响较大但目前尚无统一的准则，可以根据具体情况根据经验进行选取。

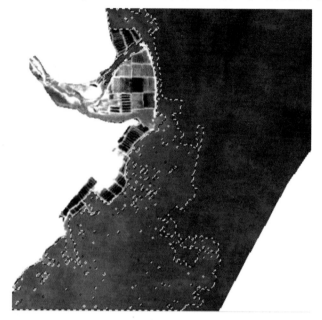

图 5-13　区域生长法选择海水（Landsat ETM+数据）

在区域生长法提取海水的矢量化结果为包含海岸线的海水区域（面状），栅矢转换过程可以在 ENVI 软件中实现。然后在 ENVI 中将矢量化结果转换为 shp 格式导出。矢量化结果如图 5-14 所示。

在 GIS 软件中将面状转换为线状矢量即可得到两期海岸线，面转线结果如图 5-15 所示。

在 GIS 软件中对生成的线进行编辑，除去零星的碎片，然后用两期海岸线构面，最终得到的面状区域就是检测到的海域使用新增区（图 5-16）。检测到的海域使用新增区与原图的叠加结果如图 5-17 所示。海域使用新增区与海域使用权属数据空间叠加，海域使用权属数据未覆盖的海域使用新增区即为海域使用疑点疑区。

图 5-14　海水区域矢量化结果（面）

图 5-15　面转线结果

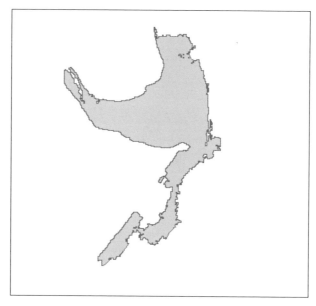

图 5-16　变化区域

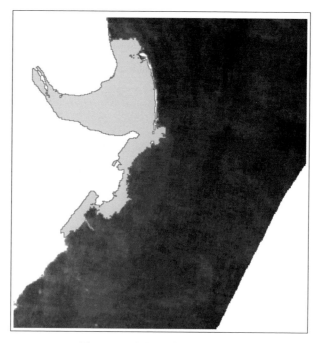

图 5-17　变化区域与原图叠加

本章小结

　　本章主要针对目前海域使用动态监测的重要内容——建设用海项目，论述了建设用海项目遥感动态监测的组织原则、工作流程、技术流程和技术方法，并以某建设项目为例，阐述了建设项目用海动态监测的内容、频次、监测重点、监测结果。同时针对建设用海项目疑点疑区遥感监测的技术需求，阐述了建设用海项目疑点疑区遥感监测的原理、遥感监测技术流程、遥感监测的技术方法等。

第六章　海岸线遥感监测技术

第一节　海岸线遥感监测分类

　　海岸线是指平均大潮高潮时水陆分界的痕迹线。利用遥感影像进行海岸线监测虽然具有大面积、宏观、快速等优势，但是由于遥感影像的获取具有时相特性，不可能恰好准确地获取平均大潮高潮时的影像，如要基于遥感影像获取平均大潮高潮时水陆分界的痕迹线必须在遥感影像调查的基础上，利用数字高程模型和验潮站数据进行潮位改正方能得到准确的海岸线。海洋综合管理主要对海岸线类型、位置、变化进行监管，需要采用不同时相的遥感影像辅以人工目视判读，提取海岸线类型及其变化信息。因此，本章主要论述海岸线遥感监测技术方法。

　　海岸线的分类主要从地貌学角度考虑，根据海岸形态、成因、物质组成和发展阶段等特征，将海岸线按二级进行分类，一级类分为自然岸线和人工岸线，二级类中自然岸线包括基岩岸线、砂质岸线和粉砂淤泥质岸线，人工海岸线二级类中没有再细分。

一、人工岸线

　　人工海岸线是人工建筑物形成的海岸线，建筑物一般包括防潮堤、防波堤、码头、凸堤、养殖区和盐田等。人工海岸线大部分是由混凝土修筑而成的水工建筑，目的是为了阻挡海水，在设计上是要确保大海潮时不能漫堤，而且人工海岸线的建筑几何形状一般比较规则，例如码头与岸上的仓库，船在水面上行驶的时候会出现逐渐扩展的水际线，这些都是判别人工海岸线的标志，在不同卫星影像上解译标志示例如图 6-1 所示。

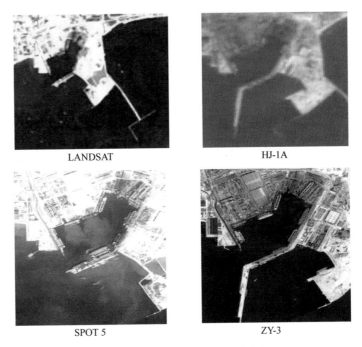

图 6-1　人工海岸线遥感影像特征

二、基岩海岸线

基岩海岸线由岩石组成，常有突出的海岬和深入陆地的海湾，海岸线比较曲折。基岩海岸线是海边的岩石山体受海水侵蚀形成。沿海区域是人口居住的密集区域，海边绿化程度较高的山体光谱反射率较低，表现为粗糙的斑块状，能够区别于一般的岩石或裸地；岩石山体的面积比较大，植被覆盖较少，因此在遥感影像中能表现出明显的凹凸感，有比较明显的山脉纹理特征，根据以上两种特征可以判别出基岩海岸线。而基岩海岸线与海水相连接的边界非常明显，其解译标志就是海岬角以及直立陡崖与海水的结合处。基岩海岸线遥感影像特征见图 6-2。

三、砂质海岸线

砂质海岸线是砂粒在海浪作用下堆积形成的，在波浪无法作用的区域砂质也就会消失，因此可以把砂质海岸和陆地上非砂质地物的分界线作为海岸线。砂质海岸线在靠近陆地的方向上与其他类型的地物相连接，有可能是建

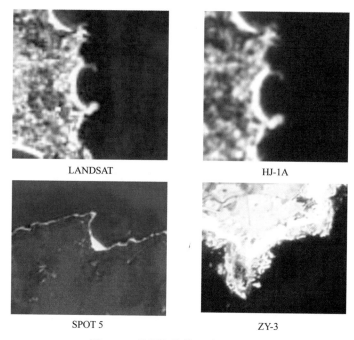

图 6-2　基岩海岸线遥感影像特征

筑物、公路等用地，也可能是海水不能到达的其他非砂质地物，这些与沙滩相接的地物亮度比较低，所以砂质海岸线在遥感影像上的纹理特征是比较明显的，可以砂质海岸沙滩与非砂质地物的分界线作为海岸线。砂质海岸线遥感影像特征见图 6-3。

四、淤泥质海岸线

根据遥感影像的解译方法，淤泥质海岸线可分为两种类型，一类是大部分已经被开发的淤泥质海岸线，建成了虾池、盐田等养殖区；另一类是保持自然状态的淤泥质海岸线，这类淤泥质海岸线未经开发，岸滩面积较大。对于已开发的淤泥质海岸线，可以选择其他地物（如植被，虾池，公路等）与淤泥质海岸的分界线作为海岸线，因为在大潮高潮时，海水不能越过这些边界线。对于未开发的淤泥质海岸线，淤泥质岸滩与海水的分界线在遥感影像上很清晰。但是，由于其岸滩面积较大，在遥感影像上无法找到明显的解译标志，需要通过潮位与卫星遥感影像的对比进行计算，才能得到海岸线在淤泥质海岸的准确位置。淤泥质海岸线遥感影像特征见图 6-4。

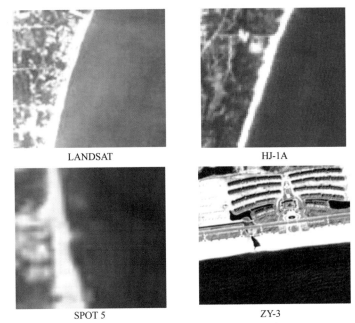

图 6-3　砂质海岸线遥感影像特征

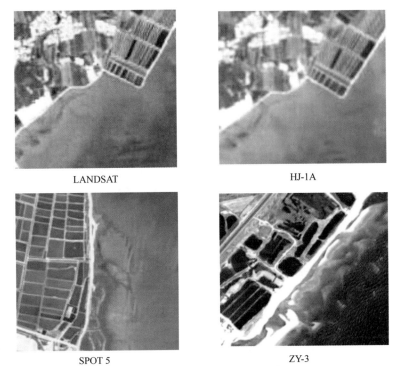

图 6-4　淤泥质海岸线遥感影像特征

第二节　海岸线变化遥感监测技术

海岸线变化遥感监测技术是一个包括遥感影像校正、水边线提取、缓冲区提取、各类海岸线提取、海岸线简化、海岸线平滑等多种技术环节系统技术，需要针对不同的遥感影像特征建立海岸线提取规则集，并依据规则集细化海岸线提取技术方法，再对比两期遥感影像提取的海岸线变化，完成海岸线变化的遥感监测。

一、海岸线遥感自动监测技术流程

由于不同来源和种类的遥感影像波段数、分辨率、光谱信息均不相同，这些都直接影响着海岸线信息的分类和提取，所以必须分别针对每一种遥感影像数据特点建立规则集和提取参数，才能使其更好的满足于海岸线管理的业务化需求，海岸线自动监测技术流程如图6-5所示。

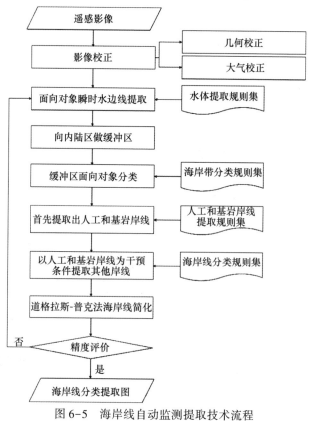

图6-5　海岸线自动监测提取技术流程

1. 遥感影像校正

遥感成像时，由于飞行器的姿态、高度、速度以及地球自转等因素的影响，造成遥感影像相对于地面目标发生几何畸变，这种畸变表现为象元相对于地面目标的实际位置发生挤压、扭曲、拉伸和偏移等，为了校正这些几何畸变，以标准的 SPOT 数据为基准，采用影像对影像的配准方法对其他数据源进行几何纠正。

采用大气校正方法消除大气和光照等因素对地物反射的影响，消除大气中蒸汽、氧气、二氧化碳、甲烷和臭氧等地物反射的影响，消除大气分子和气溶胶散射的影响。

2. 瞬时水边线信息提取

根据遥感影像的光谱信息、水体指数以及分割后的面积属性（大面积区域为海域）建立水体提取规则集，根据水体提取规则集提取遥感影像中整个海域，对海域进行处理分析得到瞬时水边线。

3. 提取缓冲区

利用瞬时水边线向内陆区做缓冲区，对于人工岸线和基岩岸线一般采用的缓冲区距离为 3 km，砂质岸线的缓冲区距离为 5 km，淤泥质岸线的缓冲区距离为 8 km。由于选择的缓冲区距离是瞬时水边线到内陆的实际距离，所以对于中高分辨率的遥感影像来说缓冲区距离不会受到分辨率的影响，同时给出的缓冲区距离只用于参考，不同的地形可以适当的调整缓冲区距离，其目的是为了提高海岸带面向对象分类效率。

4. 海岸带面向对象分类

利用遥感影像各个波段对象的像素值、纹理特征、形状特征、层次特征、自定义特征，结合海岸带特征建立海岸带分类规则集。以缓冲区为掩膜，根据海岸带分类规则集对该缓冲区内的研究区进行面向对象规则分类，只对该区域进行分类有助于提高数据处理分析时间，提高海岸线提取效率。

5. 人工海岸线和基岩海岸线提取

在缺乏地形数据和潮汐数据的情况下，人工海岸线和基岩海岸线的瞬时水边线就是其海岸线，利用瞬时水边线和海岸带分类结果进行叠加分析，首先确定人工岸线和基岩岸线。

6. 砂质海岸线和淤泥质海岸线提取

砂质海岸线和淤泥质海岸线的提取相对于人工海岸线和基岩海岸线提取

要复杂。人工海岸线和基岩海岸线提取完成后，根据海岸带分类结果确定是否存在其他类型的海岸带，如果存在，则根据对应海岸线提取规则集进行相应海岸线的提取，以此类推直到所有海岸线类型提取完成为止。

7. 海岸线简化

海岸线提取完成后，虽然面向对象规则分类提取目标的最小单元是分割后的对象块，但是这些对象块也是有许多具有相同光谱特征和共同属性的像元构成的，所以提取的海岸线就会十分的曲折，存在一些不必要的节点，需要对提取岸线进行简化，采用道格拉斯–普克算法对提取岸线进行简化。

道格拉斯–普克（Douglas-Peucker）算法能够删除冗余数据，减少数据的存贮量，节省存贮空间，其基本思路如图 6-6 所示，是将一条曲线首尾端点连成一条线，计算所有节点到该直线的距离，并找出最大距离值 Dmax，用 Dmax 与限差值 D 进行比较：

若 Dmax<D，则舍去这条曲线上除首尾节点外的所有节点；

若 Dmax>D，则保留 Dmax 对应的坐标点，并以该节点为界，把曲线分为两部分，对这两部分重复使用该算法，直到删除所有不必要节点。

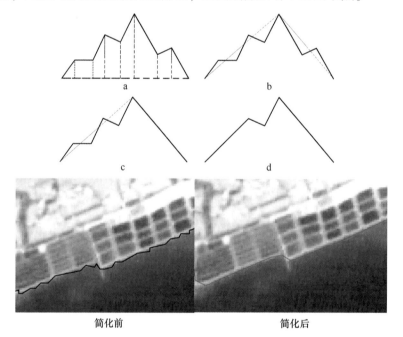

图 6-6　道格拉斯–普克算法

8. 海岸线平滑

经过简化的海岸线已能很好的符合人工提取习惯，但是在转角处过于尖锐，还可经过对海岸线平滑处理达到更为理想的结果，平滑的算法有通常有 PAEK 算法、BEZIER 算法。

PAEK 算法：又称指数核的多项式近似算法，使用时需要指定平滑容差参数，平滑容差参数可控制计算新折点时用到的"移动"路径的长度。长度越短，保留的细节越多，处理时间也越长。

BEZIER 算法：又称贝塞尔曲线平滑算法，通常情况下采用二次方平滑算法，使用时无需使用容差，平滑后只是创建近似的贝塞尔曲线，因为真正的贝塞尔曲线无法存储在 shapefile 中。

两种平滑算法效果图如图 6-7 所示，由于 BEZIER 算法对点的密度过于敏感，通常情况下选用 PAEK 算法进行平滑。

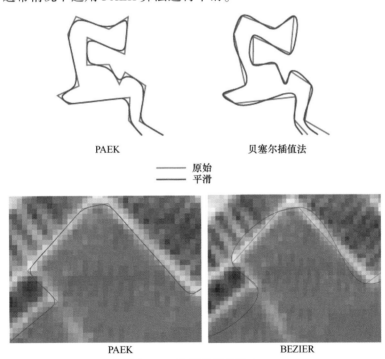

图 6-7　海岸线平滑算法

二、海岸线提取规则集

规则集设计是面向对象规则分类十分重要的环节，因为它直接影响到分类结果。根据不同类型海岸线解译标志和海岸带特点，进行四种类型遥感影像海岸线提取和海岸线分类规则集设计。

1. Landsat TM 遥感影像海岸线提取规则集

Landsat TM 遥感影像瞬时水边线提取规则集，以 70 为分割尺度，以近红外波段光谱值小于 31、水体归一化指数大于 0.25 和面积特征值大于 300 像素为提取规则集，提取研究区域的海域范围，其面向陆地的边线即为瞬时水边线。

Landsat TM 遥感影像海岸线提取和海岸带分类规则集如表 6-1，其中在对海岸带进行分类的过程中多采用多尺度分割的方法进行不同类型地物的提取。

表 6-1　Landsat TM 遥感影像海岸线提取和海岸带分类规则集

类型	海岸线解译标志	分割尺度	规则	图样
人工	水陆分界线	70	海岸线：NDWI>0.26、Band4<30、面积特征 海岸带：海港码头、养殖区、盐场、堤坝等 NDWI<0，B3>35，NDVI<0.2	
基岩	水陆分界线	70	海岸线：NDWI>0.26、Band4<30、面积特征 海岸带：植被覆盖的海岬、裸露的基岩等 NDWI<0，B3<55，NDVI>0.2	
砂质	靠近陆地一侧边界	55	海岸线：NDWI<0、band3>50、面积特征 海岸带：滩涂（砂粒组成的海岸类型） B3>39，B4>36，NDWI>-0.1	
已开发淤泥质	靠近陆地一侧边界	55	海岸线：NDWI>0.26、Band3 光谱值、length/width 海岸带：淤泥质岸滩（淤泥或杂以粉沙的淤泥） NDWI<0，NDVI<0.25，B3>50，B3-B4>0，	
未开发淤泥质	植被覆盖边界线河流入海	25	海岸线：NDWI>0.26、缨帽变换第二分量、面积特征 海岸带：淤泥质岸滩（淤泥或杂以粉沙的淤泥） NDWI<0，NDVI<0.25，B3-B4>0	

2. Landsat ETM+遥感影像海岸线提取规则集

Landsat ETM+遥感影像瞬时水边线提取规则集，以 60 为分割尺度，以近红外波段光谱值小于 50、水体归一化指数大于 0.2 和面积特征值大于 300 像素为提取规则集，提取研究区域的海域范围，其面向陆地的边线即为瞬时水边线。

Landsat ETM+遥感影像海岸线提取和海岸带分类规则集如表6-2，其中在对海岸带进行分类的过程中多采用多尺度分割的方法进行不同类型地物的提取。

表 6-2　Landsat ETM+遥感影像海岸线提取和海岸带分类规则集

类型	海岸线解译标志	分割尺度	规则	图样
人工	水陆分界线	60	海岸线：NDWI>0.26、Band4<30、面积特征 海岸带：海港码头、养殖区、盐场、堤坝等 NDWI<0，B3>35，NDVI<0.2	
基岩	水陆分界线	60	海岸线：NDWI>0.26 、Band4<30、面积特征 海岸带：植被覆盖的海岬、裸露的基岩等 NDWI<0，B3<55，NDVI>0.2	
砂质	靠近陆地一侧边界	45	海岸线：NDWI<0、band3>50、面积特征 海岸带：滩涂（砂粒组成的海岸类型） B3>39，B4>36，NDWI>-0.1	
已开发淤泥质	靠近陆地一侧边界	40	海岸线：NDWI>0.26 、Band3 光谱值、 length/width 海岸带：淤泥质岸滩（淤泥或杂以粉沙的淤泥） NDWI<0，NDVI<0.25，B3>50，B3-B4>0	
未开发淤泥质	植被覆盖边界线河流入海口	30	海岸线：NDWI>0.26、 缨帽变换第二分量、面积特征 海岸带：淤泥质岸滩（淤泥或杂以粉沙的淤泥） NDWI<0，NDVI<0.25，B3-B4>0	

3. HJ-1A 数据海岸线提取规则集

HJ-1A 数据瞬时水边线提取规则集设计，以 40 为分割尺度，以蓝光波段光谱值小于 42、面积特征值大于 150 像素为提取规则集，提取研究区域的海域范围，其面向陆地的边线即为瞬时水边线。

HJ-1A 数据海岸线提取和海岸带分类规则集如表 6-3，其中在对海岸带进行分类的过程中多采用多尺度分割的方法进行不同类型地物的提取。

表6-3　HJ-1A 数据海岸线提取和海岸带分类规则集

类型	海岸线解译标志	分割尺度	规则	图样
人工	水陆分界线	40	海岸线：Band1<35、Band3<30、面积特征 海岸带：海港码头、养殖区、盐场、堤坝等 Band2-Band3>0，Band1/band2>1， Band3 光谱值	
基岩	水陆分界线	40	海岸线：Band1<35、Band3<30、面积特征 海岸带：植被覆盖的海岬、裸露的基岩等 Band2-Band3>0，Band1、Band2 光谱值	
砂质	靠近陆地一侧边界	35	海岸线：NDWI<0、band3>50、面积特征 海岸带：滩涂（砂粒组成的海岸类型） Band2-Band3>0，Band1、Band2 光谱值	
已开发淤泥质	靠近陆地一侧边界	35	海岸线：Band1-Band2>0、Band3 光谱值、 length/width 海岸带：淤泥质岸滩（淤泥或杂以粉沙的淤泥） Band1-Band2<0，Band1、Band2 光谱值	
未开发淤泥质	植被覆盖边界线河流入海口	25	海岸线：Band1-Band2>0、 缨帽变换第二分量、面积特征 海岸带：淤泥质岸滩（淤泥或杂以粉沙的淤泥） Band1-Band2<0，Band1、Band2 光谱值	

4. SPOT 数据海岸线提取规则集

SPOT 数据瞬时水边线提取规则集，以 60 为分割尺度，以近红外波段光谱值小于 45、水体归一化指数大于 0.25 和面积特征值大于 300 像素为提取规则集，提取研究区域的海域范围，其面向陆地的边线即为瞬时水边线。

SPOT 数据海岸线提取和海岸带分类规则集如表 6-4，其中在对海岸带进行分类的过程中多采用多尺度分割的方法进行不同类型地物的提取。

表 6-4　SPOT 数据海岸线提取和海岸带分类规则集

类型	海岸线 解译标志	分割 尺度	规则	图样
人工	水陆分界线	60	海岸线：Band1、Band4 光谱值、面积特征 海岸带：海港码头、养殖区、盐场、堤坝等 Band1>130，Band2-Band3<0 等	
基岩	水陆分界线	60	海岸线：Band1、Band4 光谱值 海岸带：植被覆盖的海岬、裸露的基岩等 NDWI<0，NDVI>0.2，Band3，Band4 光谱值	
砂质	靠近陆地 一侧边界	50	海岸线：Band1、Band4 光谱值 海岸带：滩涂（砂粒组成的海岸类型） NDWI>-0.1，Band1，Band3，Band4 光谱值	
已开发 淤泥质	靠近陆地 一侧边界	50	海岸线：Band1、Band4 光谱值、length/width 海岸带：淤泥质岸滩（淤泥或杂以粉沙的淤泥） NDVI<0.25，Band3-Band4>0，Band2 光谱值	
未开发 淤泥质	植被覆盖 边界线 河流入海口	45	海岸线：NDWI>0.26、缨帽变换第二分量、 面积特征 海岸带：淤泥质岸滩（淤泥或杂以粉沙的淤泥） NDWI<0，NDVI<0.25，B3-B4>0	

三、海岸线变化遥感监测技术

提取不同时相的海岸线后，通过对比两期岸线，即可检测出给定容差范围外的岸线变化。海岸线变化检测算法采用两期岸线求交构面算法，如图 6-8 所示，中间区域即为岸线变化区域范围。

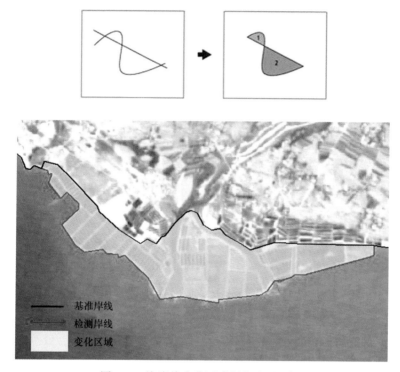

图 6-8　海岸线变化遥感影像监测示例

第三节　海岸线变化遥感监测精度评价技术

海岸线变化遥感监测精度评价方法包括海岸线提取位置的精度评价方法、海岸线分类精度评价方法，每种精度评价方法又可以采用随机点统计方法评价和准则线段匹配评价方法。

一、海岸线提取位置精度评价

1. 随机点统计海岸线精度评价方法

随机点统计方法是一种从局部对提取海岸线位置精度进行评价的方法，具体实施方法是根据海岸线解译标志在原影像中海岸线位置上均匀随机的选取足够多随机点，并计算随机点到提取海岸线的最短距离，规定在海岸线内侧（即靠近内陆的一侧）的点到海岸线的距离为正，在海岸线外侧的点到海岸线的距离为负。利用直方图对随机点数和对应的最短距离进行统计，依据统计结果对提取海岸线的效果进行评价。根据随机点到提取海岸线的最短距离可以评测出海岸线提取精度准确性，根据随机点在海岸线两侧的个数对比可以知道海岸线提取结果是偏向陆地还是偏向海域，如果两侧随机点数大致相等说明提取海岸线的位置是正确的。

2. 距离准则线段匹配海岸线精度评价方法

基于面积法的距离准则线段匹配方法是制图学中计算两条曲线之间的距离，表现两条曲线之间的匹配精度重要方法。通过计算实际海岸线和提取海岸线之间的平均距离，从而根据它们之间距离大小来评价提取海岸线和实际海岸线之间的匹配程度，一种从整体上对提取海岸线进行位置精度评价的方法。

实际海岸线和提取海岸线之间基于面积法的距离定义为：

$$d = \frac{S}{L} \qquad\qquad 公式（6-1）$$

式中，d 为两条海岸线之间的距离，S 是两条海岸线相应首尾节点连接后围成的多边形面积，L 是实际海岸线和提取海岸线总长度的平均值。

例如实际海岸线和提取海岸线总长度的平均值为 1 500 m（L＝1 500 m），两者所围成区域的面积为 3 220 m²（S＝3 220 m²），那么它们之间的平均距离 $d = \frac{S}{L} = \frac{3\ 220\ \text{m}^2}{1\ 500\ \text{m}} = 2.15\ \text{m}$，这就说明，实际海岸线和提取海岸线之间平均偏差为 2.15 m，即提取海岸线的精度为 2.15 m。

二、海岸线分类精度评价

海岸线分类精度评价是对提取各种类型海岸线分别从局部和整体两个方面进行精度分析，其中基准岸线是应用 2.5 米分辨率的 SPOT5 遥感影像根据经验知识采用人机判读方式勾绘获取的。

1. 随机点统计方法精度分析

根据各类海岸线类型解译标志在基准岸线上随机均匀的选取 100 个随机点，并计算随机点到不同类型遥感影像提取的海岸线的最短距离，利用直方图对随机点数和对应的最短距离进行统计，依据统计结果对提取海岸线的精确度进行评价。SPOT 遥感影像、Landsat ETM+遥感影像、Landsat TM 遥感影像和 HJ-1A 遥感影像提取的各类海岸线随机点精度分析统计结果如图 6-9。

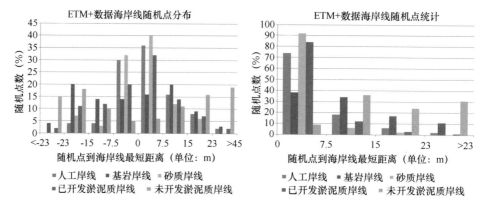

图 6-9　Landsat ETM+遥感影像海岸线随机点统计

　　图 6-9 统计直方图可以看出。Landsat ETM+遥感影像提取的人工岸线、砂质岸线和已开发淤泥质岸线效果都较好，其中人工岸线的随机点有 66%的位于半个像元（7.5 m）之内，86%位于一个像元（15 m）之内，98%位于一个半像元（23 m）之内；基岩岸线的随机点有 64%的位于一个像元之内，93%的位于一个半像元之内；砂质岸线位于半个像元的随机点占总数的 72%，位于一个像元内的点占 87%，所有点都位于一个半像元之内；已开发淤泥质岸线有 78%位于一个像元内，有 96%点位于一个半像元之内；由于在用植被生长动态平衡来确定海岸线时，动态平衡的指标很难确定，造成未开发淤泥质岸线提取效果部分区域出现错误，位于一个像元的点只有 45%，位于一个半像元内的也只有 66%；总体上海岸线内外两侧的点的个数相差不多。

　　图 6-10 统计直方图可以看出。Landsat TM 遥感影像提取的人工岸线、砂质岸线和已开发淤泥质岸线精确度都较高，其中人工岸线的随机点有 74%的位于半个像元（15 m）之内，92%位于一个像元（30 m）之内，仅有 2%点位于一个半像元（45 m）之外；基岩岸线的随机点有 72%的位于一个像元之内，89%的位于一个半像元之内；砂质岸线位于半个像元的随机点占总数的 92%，位于一个像元内的点占 98%，且全部随机点都在一个半像元之内；已开发淤泥质岸线有 84%的点在半个像元之内，有 96%位于一个像元内，有 1%点都位于一个半像元之外；由于在用植被生长动态平衡来确定海岸线时，动态平衡的指标很难确定，造成未开发淤泥质岸线提取效果部分区域出现错误，位于一个像元的点只有 45%，位于一个半像元内的也只有 69%；总体上海岸线内外两侧的点的个数相差不多。

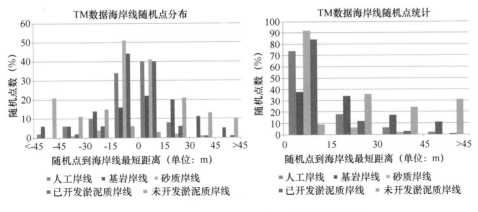

图6-10　Landsat TM 遥感影像海岸线随机点统计

　　从统计直方图可以看出（图6-11）。HJ-1A 遥感影像由于影像质量等问题导致提取的整体效果不如 Landsat ETM+/TM 遥感影像提取的结果，人工岸线的随机点55%位于一个像元（30 m）之内，仅有87%点位于一个半像元（45 m）之内；基岩岸线的随机点有80%的位于一个像元之内，90%的位于一个半像元之内；砂质岸线位于一个像元的随机点占总数85%，在一个半像元之内的点有97%；已开发淤泥质岸线有69%的点在一个像元内，有91%点都位于一个半像元之内；而未开发淤泥质岸线提取效果部分区域出现错误，仅有53%的随机点位于一个半像元之内；总体上海岸线内外两侧的点的个数相差不多。

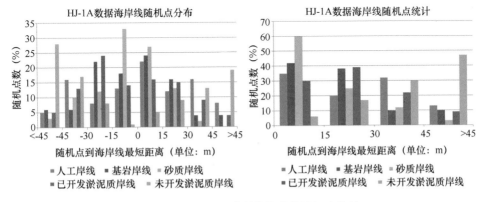

图6-11　HJ-1A 遥感影像海岸线随机点统计

　　从统计直方图可以看出（图6-12）。由于 SPOT 遥感影像是高分辨率影像，在效果显示上提取结果强于其他影像的提取结果，人工岸线、基岩岸线、砂质岸线和已开发淤泥质岸线的监测随机点误差在 4 m 范围内分别占总数的 91%、88%、97%、91%。由于基准岸线是根据经验知识在 SPOT 遥感影像上手工绘制的，所以自动提取的岸线进行随机点精度分析结果较其他影像分析结果高，位于一个半像元（4 m）之内的随机点有 72%；总体上海岸线内外两侧的点的个数相差不多。

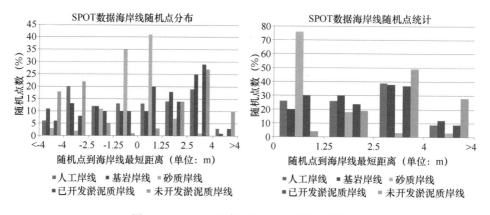

图 6-12　SPOT 遥感影像海岸线随机点统计

利用人工随机点统计方法进行不同分辨率提取海岸线精度分析，对于人工岸线、基岩岸线、砂质岸线和已开发淤泥质岸线提取的效果较好。对于未开发淤泥质海岸线的提取结果比其他几种岸线提取结果较差，由于在用植被生长动态平衡来确定海岸线时，动态平衡的指标很难确定，不同时期的植被生长状况不同，所以就会造成未开发淤泥质岸线提取效果在部分区域出现错误，如果想进一步精确未开发淤泥质岸线的提取效果需要结合潮位数据来进一步修正。

提取岸线精度分析误差存在主要原因是由于提取海岸线结果的最基本单元仍然是像素，就导致海岸线的曲折度变大，虽然采用了道格拉斯-普克法进行海岸线简化，但是整体上进行岸线简化的限差值不能做到使每一个部分岸线都达手工绘制海岸线的程度，特别是未开发的淤泥质岸线，虽然进行了线段简化但是为了保持与植被生长动态平衡的边界保持一致，相对于基准岸线仍然存在较大的曲折度；其次由于基准岸线是根据经验知识进行手工绘制，在地形复杂的区域就会导致绘制的结果与提取结果出现误差，人工岸线、砂质岸线和已开发的淤泥质岸线的边界多数是由人工建筑构成的，是平滑的直线段，所以影响较小，而基岩岸线和未开发淤泥质岸线都是地形复杂的区域，影响就会较大；再次面向对象规则分类海岸线提取规则集的设计在海岸线提取时会存在一定的误差；同时由于遥感影像质量、遥感影像时相不同也会导致提取结果误差不同。

2. 线段匹配精度分析

采用 SPOT 遥感影像、Landsat ETM+遥感影像、Landsat TM 遥感影像和 HJ–1A 遥感影像的人工岸线提取结果和基准岸线叠加局部显示结果（图 6-13），图中基准海岸线长度为 23018 m。利用基于面积法的距离准则线段匹配精度分析方法对人工岸线分类结果进行精度分析，分析结果见表 6-5。

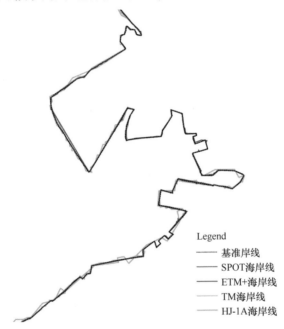

图 6-13　各类人工岸线和基准岸线局部显示

表 6-5　人工岸线与基准岸线匹配精度分析

海岸线数据类型	海岸线长度（m）	岸线与基准岸线平均长度（m）	岸线与基准岸线围成多边形面积（m²）	岸线与提取岸线之间平均距离（m）
SPOT	56 540	56 037	214 904	3.8
ETM+	57 682	56 608	401 086	7.08
TM	57 698	56 617	572 901	10.12
HJ–1A	59 012	57 274	1 433 129	25.02

　　根据表6-5可知，SPOT遥感影像的分辨率为2.5 m，提取的人工岸线与基准岸线的平均距离为3.8 m，即SPOT遥感影像提取的人工岸线整体提取精度优于两个像元；Landsat ETM+遥感影像的分辨率为15 m，提取人工岸线的平均精度为7.08 m，即岸线提取精度优于半像元；Landsat TM 和 HJ-1A遥感影像的分辨率都为30 m，Landsat TM遥感影像提取人工岸线的平均距离为10.12 m，即岸线提取精度都优于半个像元；HJ-1A遥感影像提取人工岸线的平均距离为25.02 m，即岸线提取精度都优于一个像元。

　　采用SPOT遥感影像、Landsat ETM+遥感影像、Landsat TM遥感影像和HJ-1A遥感影像的基岩岸线提取结果和基准岸线叠加局部显示结果（图6-14），图中基准海岸线长度为40614 m。利用基于面积法的距离准则线段匹配精度分析法对基岩岸线分类结果进行精度分析，结果如表6-6。

Legend
……… 基准岸线
——— SPOT海岸线
——— ETM+海岸线
——— TM海岸线
——— HJ-1A海岸线

图 614　各类基岩岸线和基准岸线局部显示

表6-6　基岩岸线与基准岸线匹配精度分析

海岸线 数据类型	海岸线 长度（m）	岸线与基准岸线 平均长度（m）	岸线与基准岸线围成 多边形面积（m²）	岸线与提取岸线 之间平均距离（m）
SPOT	42 363	41 448	153 922	3.71
ETM+	44 638	42 626	666 710	16.64
TM	46 086	43 350	634 683	14.64
HJ-1A	44 732	42 673	822 502	19.27

根据表6-6可知，SPOT遥感影像提取的基岩岸线与基准岸线的平均距离为3.71 m，即SPOT遥感影像提取的基岩岸线整体提取精度优于两个像元；Landsat ETM+遥感影像提取基岩岸线的平均精度为16.64 m，即岸线提取精度优于一个像元；Landsat TM遥感影像提取的基岩岸线的平均精度为14.64 m，即岸线提取精度都优于半个像元。HJ-1A遥感影像提取的基岩岸线的平均精度为19.27 m，即岸线提取精度都优于一个像元。

采用SPOT遥感影像、Landsat ETM+遥感影像、Landsat TM遥感影像和HJ-1A遥感影像的砂质岸线提取结果和基准岸线叠加局部显示结果（图6-15），图中基准海岸线长度为55 535 m。利用基于面积法的距离准则线段匹配精度分析法对砂质岸线分类结果进行精度分析，结果如表6-7。

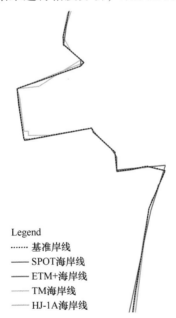

Legend
······· 基准岸线
——— SPOT海岸线
——— ETM+海岸线
——— TM海岸线
——— HJ-1A海岸线

图6-15　砂质岸线和基准岸线局部显示

表6-7　砂质岸线与基准岸线匹配精度分析

海岸线 数据类型	海岸线 长度（m）	岸线与基准岸线 平均长度（m）	岸线与基准岸线围成 多边形面积（m²）	岸线与提取岸线 之间平均距离（m）
SPOT	23 377	23 197	18 732	0.81
ETM+	23 175	23 096	207 637	8.99
TM	24 530	23 774	253 441	10.66
HJ-1A	24 879	23 948	266 865	11.14

根据 6-7 表可知，SPOT 遥感影像提取的砂质岸线与基准岸线的平均距离为 0.81 m，即 SPOT 遥感影像提取的砂质岸线整体提取精度优于半个像元；Landsat ETM+遥感影像提取砂质岸线的平均精度为 8.99 m，即岸线提取精度优于半个像元；Landsat TM 遥感影像提取的砂质岸线的平均精度为 10.66 m，即岸线提取精度都优于半个像元。HJ-1A 遥感影像提取的砂质岸线的平均精度为 11.14 m，即岸线提取精度都优于半个像元。

采用 SPOT 遥感影像、Landsat ETM+遥感影像、Landsat TM 遥感影像和 HJ-1A 遥感影像的已开发淤泥质岸线提取结果和基准岸线叠加局部显示结果（图 6-16），图中基准海岸线长度为 41 601 m。利用基于面积法的距离准则线段匹配精度分析对已开发淤泥质岸线分类结果进行精度分析，结果如表 6-8。

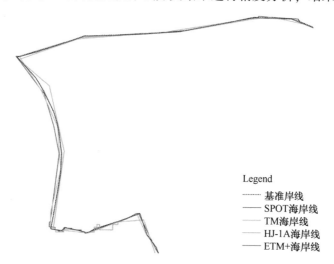

Legend
········· 基准岸线
———— SPOT海岸线
———— TM海岸线
———— HJ-1A海岸线
———— ETM+海岸线

图 6-16　已开发淤泥质岸线和基准岸线局部显示

表 6-8　已开发淤泥质岸线与基准岸线匹配精度分析

海岸线 数据类型	海岸线 长度（m）	岸线与基准岸线 平均长度（m）	岸线与基准岸线围成 多边形面积（m²）	岸线与提取岸线之间 平均距离（m）
SPOT	41 866	41 733	185 709	4.45
ETM+	41 606	41 604	364 576	7.75
TM	41 225	41 413	358 968	8.67
HJ-1A	42 911	42 256	810 523	19.18

根据表 6-8 可知，SPOT 遥感影像提取的已开发淤泥质岸线与基准岸线的

平均距离为 4.45 m，即 SPOT 遥感影像提取的已开发淤泥质岸线整体提取精度优于两个像元；Landsat ETM+遥感影像提取已开发淤泥质岸线的平均精度为 7.75 m，即岸线提取精度优于一个像元；Landsat TM 遥感影像提取的已开发淤泥质岸线的平均精度为 8.67 m，即岸线提取精度都优于半个像元。HJ-1A 遥感影像提取的已开发淤泥质岸线的平均精度为 19.18 m，即岸线提取精度都优于一个像元。

采用 SPOT 遥感影像、Landsat ETM+遥感影像、Landsat TM 遥感影像和 HJ-1A 遥感影像的未开发淤泥质岸线提取结果和基准岸线叠加局部显示结果（图 6-17），图中基准海岸线长度为 84 284 m。利用基于面积法的距离准则线段匹配精度分析法对未开发淤泥质岸线分类结果进行精度分析，结果如表 6-9。

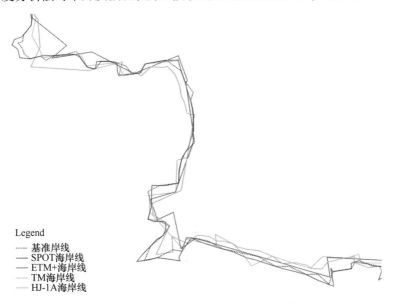

图 6-17　未开发淤泥质岸线和基准岸线局部显示

表 6-9　未开发淤泥质岸线与基准岸线匹配精度分析

海岸线数据类型	海岸线长度（m）	岸线与基准岸线平均长度（m）	岸线与基准岸线围成多边形面积（m2）	岸线与提取岸线之间平均距离
SPOT	84 781	84 533	1 061 734	12.56
ETM+	85 429	84 857	8 239 509	97.01
TM	77 437	80 861	7 051 887	87.21
HJ-1A	82 503	83 394	10 449 268	125.3

根据表6-9可知，SPOT遥感影像提取的未开发淤泥质岸线与基准岸线的平均距离为12.56 m，即SPOT遥感影像提取的未开发淤泥质岸线整体提取精度优于五个像元；Landsat ETM+遥感影像提取未开发淤泥质岸线的平均精度为97.01 m，即岸线提取精度优于四个像元；Landsat TM遥感影像提取的未开发淤泥质岸线的平均精度为87.21 m，即岸线提取精度都优于三个像元。HJ-1A遥感影像提取的未开发淤泥质岸线的平均精度为125.30 m，即岸线提取精度都优于五个像元。

利用基于面积法的距离准则线段匹配方法进行不同分辨率遥感影像提取海岸线精度分析，对于中等分辨率的遥感影像提取的人工岸线、基岩岸线、砂质岸线和已开发淤泥质岸线整体精度都优于一个像元，有的甚至优于半个像元，对于高分辨率的SPOT遥感影像提取的人工岸线、基岩岸线、砂质岸线和已开发淤泥质岸线，虽然从遥感影像本身来说整体精度多数优于两个或三个像元，但是从提取岸线与基准岸线匹配精度来说提取结果还是高于其他中等分辨率影像的。对于未开发淤泥质岸线整体精度评价结果都不如其他类型岸线的提取结果，但是提取多数区域符合海岸线解译标志的要求，只有部分区域边界很难确定，总体上能够满足海岸线解译工作的需要。同时由于海岸线提取的最小单元是像素，所以导致提取的海岸线长度与基准岸线长度存在一定的偏差，想要减少差值则需要进行适当的手工编辑。存在误差的原因与人工随机点统计方法中所提到的原因类似。

根据两种海岸线精度评价方法结果，从整体效果上，SPOT遥感影像的提取效果最好，其次是Landsat ETM+遥感影像和Landsat TM遥感影像，再次是HJ-1A遥感影像。由于SPOT遥感影像所含信息量较大，利用面向对象规则分类方法进行岸线提取和海岸带分类时影像分割所需要的时间较长，导致自动化提取效率较低；HJ-1A遥感影像提取效果稍差也许跟所选区域的影像质量有关，同时由于波段数较少，导致规则集设计可用信息量少对提取结果会造成一定的影响。Landsat ETM+/TM遥感影像质量相对较好，所包含的波段数多，规则集设计时可利用信息量充足，所以提取效果相对较好。

第四节   海岸线评价软件模块

一、海岸线评价软件模块结构

海岸线评价软件模块是基于 ARCGIS、Supermap 等主流 GIS 平台开发的综合评价软件，评价软件分为数据层、模型层、评价层、用户层四个部分（图6-18）。

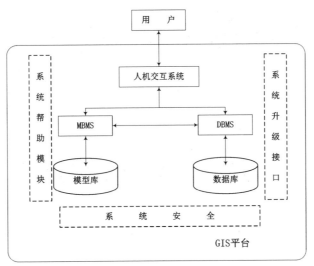

图 6-18   海岸线评价软件系统结构简图

（1）数据层：基于海岸线的卫星遥感解译分析成果，建立包括海岸线位置、海岸线类型、海岸线形状等的数据库，各类数据依据描述对象的类别设定合理的数据存储属性和数据库结构，作为系统评价业务运行的数据基础，直接服务于评价业务开展。

（2）模型层：模型层主要包括经系统固化的海岸线类型评价、海岸线变化评价、海岸线形态评价等评价方法。针对具体的评价对象在评价指标集（数据层）的基础上确定评价指标体系，并通过数据库获取评价指标值。

（3）评价层：确定优化后的评价指标体系并选择适当的评价模型后，开展评价工作，生成评价成果。

（4）用户层：用户层主要提供友好的人机交互界面，并生成图件、数据表等评价成果。

二、海岸线评价软件模块操作

海岸线评价软件模块采用空间显式的 IDL 语言开发，形成菜单式操作界面，操作过程包括海岸线矢量数据输入、评价类型选择、评价参数选择、属性字段设置、评价参数计算和评价结果数据等几个操作程序，具体介绍如下。

（1）打开程序（sealine_ eval. exe），见图 6-19。

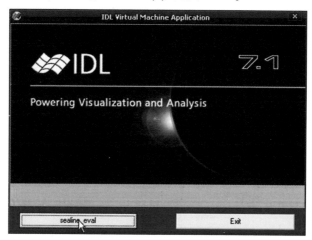

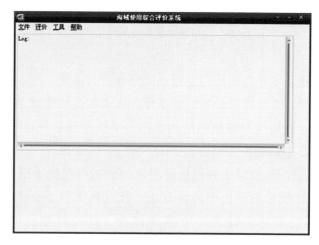

图 6-19　启动程序

（2）选择"评价→设置参数"，见图6-20。

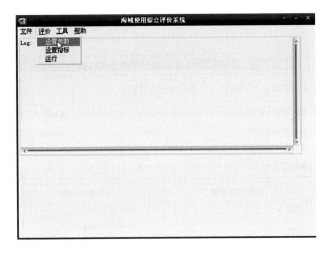

图6-20　设置参数

选择输入数据的类型：海岸线、围填海、海域使用。

指定输入的数据文件，见图 6-21。

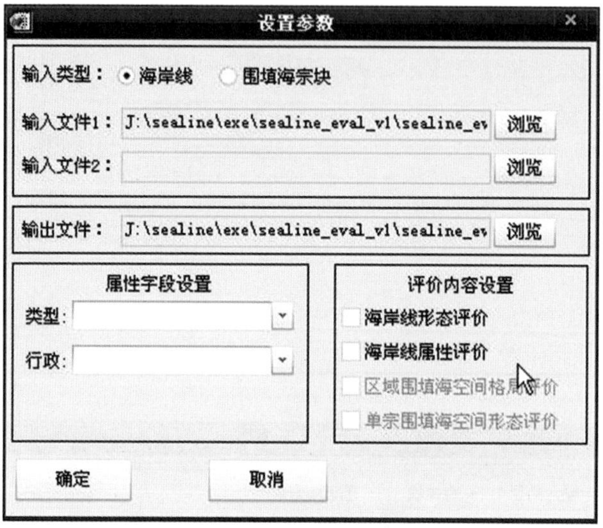

图 6-21　输入文件

指定数据文件中表示类型的属性字段，见图 6-22。

图 6-22　指定属性

选择评价内容，见图 6-23。

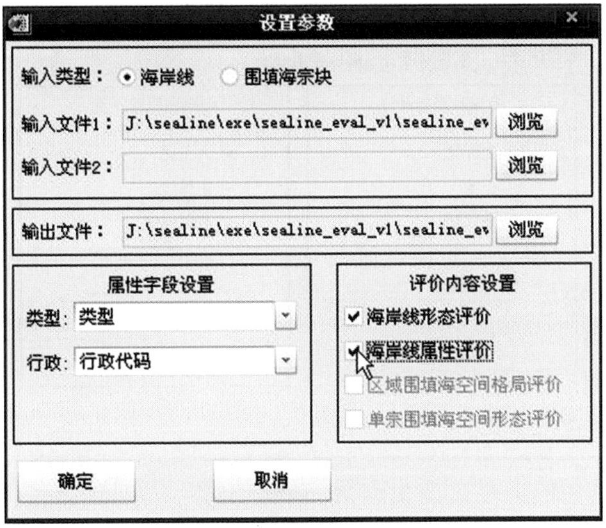

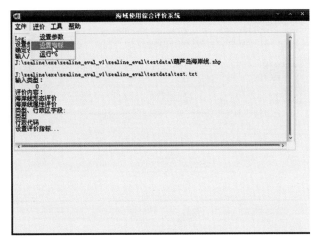

图 6-23　评价内容设置

完成后点击"确定"保存设置。

（3）选择"评价→设置指标"，见图 6-24。

图 6-24　设置指标

选择需要计算的指标，完成后点击确定保存设置，见图6-25。

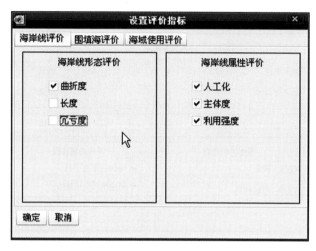

图6-25　围填海评价

（4）选择"评价→运行"。

开始运行评价，结束后日志窗口会显示运行结束，见图6-26、图6-27。

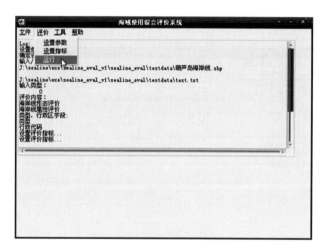

图6-26　运行

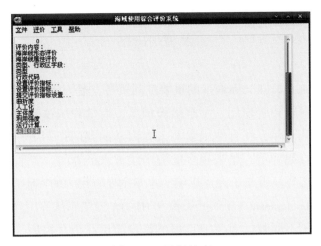

图 6-27 运行结束

找到指定的输出文件，输出的评价结果，见图 6-28。

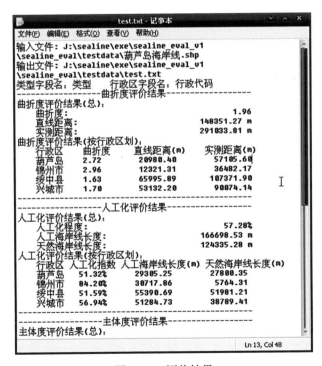

图 6-28 评价结果

本章小结

海岸线是位于海陆交界地带的重要空间资源，是海水面与陆地的分界线，也是人们研究海陆相互作用、了解沿海围垦、港口和城镇建设等用海活动的重要依据。近几十年，在自然因素和人为因素的共同作用下，我国海岸线侵蚀和淤积现象日趋严重，越来越多的海岸线被水产养殖、工业城镇建设所占用，给海岸生态环境带来了严重影响。本章主要应用 SPOT 遥感影像、Landsat ETM+遥感影像、Landsat TM 遥感影像和 HJ-1A 遥感影像等国外和国产遥感卫星影像，建立了不同数据源下卫星遥感影像海岸线信息提取、分类、变化监测技术流程，海岸线遥感监测精确度评价方法和海岸线评价软件模块，为海岸线监测评估管理提供快捷高效的卫星遥感监测技术，以扩展"国家海域使用动态监视监测管理系统"的应用功能。

第七章 海域使用遥感成果集成
应用技术

第一节   多源数据标准化存储技术

本节针对国家海域动态监视监测管理系统中涉及的高/低精度、原始/精校正、多时段影像数据，进行影像数据库系统技术研发，使管理方式由文件方式转变为数据管理。为了支持巨大的遥感影像数据量，在现有网络下，做到快速、高效的遥感影像展示；方便的存储、更新、查询和提取多时段遥感影像原始数据；快捷的为其他系统或用户提供遥感影像服务提升遥感影像在海域动态管理中的利用效率和使用频次。本节采取集线器原理，实现多源数据集成与共享应用。主要思路是对接收到的各类数据进行综合存储、分布与管理，将其集中在以它为中心的节点上，同时可按照需求生成标准格式与服务，以扩大应用的传输与共享。完成设计集成原理如图7-1所示。

图7-1   集线器数据集成原理

本节重点论述数据量大、更新频繁的遥感影像数据高效存储技术，包括遥感影像导入、遥感影像分类、元数据提取、遥感影像编目、建立索引表等。

遥感影像库结构设计如图 7-2 所示。

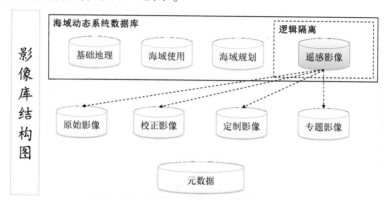

图 7-2　影像库结构设计

经多次尝试得出，主要采取数量研究法，也称"统计分析法"和"定量分析法"，通过对国家海域动态监视监测管理系统常态化运行以来，生产的遥感影像数据为研究对象，进行其规模、速度、范围、程度等数量关系的分析。主要目的是认识和揭示对象间的相互关系、变化规律和发展趋势，借以达到对遥感影像数据存储与管理的正确理解。数据研究方法流程如图 7-3 所示。

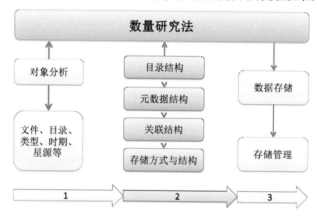

图 7-3　数据研究法流程图

完成所有遥感影像类型分析与分类标准设计，主要划分为四类：①原始遥感影像（包含国内外多颗卫星，ZY3、02C、SPOT5 等，格式为 Geotif）；②精校正遥感影像（img 格式，和原始影像大多情况下为 1∶1 关系，同时存在 N∶N 的关系）；③定制遥感影像（对精校正进行匀色、镶嵌之后的产品，与精校正产品为 N：N 的关系，格式为 Geotif）；④专题遥感影像（Geotif 格式，属于专题产品成果）。遥感影像业务分类标准如图 7-4 所示。

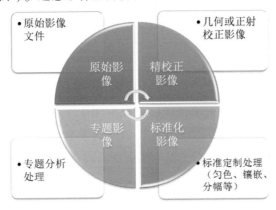

图 7-4　遥感影像业务分类标准结构

为了满足多源遥感影像数据的集成与管理和系统平台的开发建设，初步制定海域遥感影像数据库建库模型，主要表名称定制如表 7-1。

表 7-1　遥感影像数据表列表

序号	表名称	中文含义
1	Sta_ Spi_ Refepoint	遥感影像控制点数据表
2	Sta_ Spi_ Metadata	遥感影像元数据表
3	Sta_ Spi_ Specialdata	影像专题图元数据表
4	Sta_ Spi_ Factordata	影像要素信息数据表
5	Sta_ Spi_ Data	遥感影像数据表

数据库设计规范的编写是从系统应用的设计考虑，包括各数据库的逻辑设计、物理设计等内容，在系统开发期和后续实施维护，以及指导、规范各系统建库的一个规范性文档，规范提供了关于系统数据的详细描述，作为业务逻辑实现或编码的基础，同时是海域动态监视监测数据处理的核心规范。数据库设计的原则主要包括以下几点。

（1）全面准则。

所涉及的数据库内容应该尽可能全面，字段的类型、长度都应该准确地反映业务处理的需要，所采用的字段类型、长度能够满足当前和未来的业务需要。

（2）关系一致。

应准确表述不同数据表的相互关系，如一对一、一对多、多对多等，应符合业务数据实际情况。同时应包含是否使用各种强制关系（指定维护关系的各种手段，如强制存在、强制一对一等）。

（3）松散耦合。

各个子系统之间应遵循松散耦合的原则，即在各个子系统之间不设置强制性的约束关系。一方面避免级联、嵌套的层次太多；另一方面避免不同子系统的同步问题。子系统之间的联系可以通过重新输入、查询、程序填入等方式建立，子系统之间的关联字段是冗余存储的。

（4）适度冗余。

数据库设计中应尽量减少冗余，同时应保留适当的冗余。主要应基于下面几点考虑：①为了提高性能：如果数据的记录数较多，执行多表联合查询时会显著降低性能。通过在表中保留多份拷贝，使用单表即可完成相应操作，会显著改善性能。②为实现耦合关系的松弛，需要保留冗余信息，否则当数据记录不同步时，会因为其中一个子系统无法运行而导致整个系统均无法运行。③为备份而冗余，如果其中某些数据或某些子系统不是一直可用，则可以考虑在可用时保存到本系统的数据库中以提高整个系统的可用性。

（5）高频分离。

将高频使用的数据进行从主表中分离或者冗余存储（如限制信息的检测等），将有助于大幅度提高系统运行的性能。

第二节　坐标系转换技术

在我国沿海地区，现有的历史测绘资料主要基于 1954 北京坐标系和 1980 西安坐标系，国家海域动态监视监测管理系统技术方案要求测绘数据空间参照系采用 WGS84 坐标系，目前存在新旧测绘成果不统一的矛盾，严重影响系统的顺利运行和信息应用，为了增强海域权属测绘数据的通用性，推进有关技术在海域动态监视监测与管理系统业务化运行中的应用，需要一套切实可行的坐标系转换技术，包括：①坐标系转换模型。根据坐标系的椭球体的不同，主要有同一椭球体下的转换和不同椭球体下的转换，分别对应空间转换模型和平面转换模型。②北京 54 坐标系、西安 80 坐标系转 WGS84 坐标系技术。以海域管理工作中需求最为广泛的北京 54 及西安 80 平面坐标转 WGS84

坐标为例，应用平面转换模型和空间转换模型对其进行坐标转换。③不同基准转换的优化方案。针对基准转换的空间转换模型和平面转换模型，从外业数据采集、转换模型和转换参数的确定以及应用等进行方案的优化。

一、1954 北京坐标系

1954 北京坐标系是由苏联 1942 年普尔科沃坐标系传递而来的。当时总参测绘局在有关方面的建议与支持下，先将我国的一等锁与苏联远东一等锁相联，然后以联接处呼玛、吉拉林、东宁基线网扩大边端的苏联 1942 年普尔科沃坐标系的坐标为起算数据，平差我国东北及东部地区一等锁，这样将传来的坐标系定名为 1954 北京坐标系。

1954 北京坐标系（整体平差转换值）的主要椭球参数及要点：

（1）属参心大地坐标系；

（2）采用克拉索夫斯基椭球参数：长半轴：$a = 6378245$ m、扁率：$f = 1 : 298.3$。可进一步求出：短半轴：$b = 6356863.01877$ m，极曲率半径：$C = 6399698.90178$m，第一偏心率平方：$e^2 = 0.006693421622966$，第二偏心率平方：$e'^2 = 0.006738525414684$；

（3）多点定位；

（4）欧勒角：$\varepsilon x = \varepsilon y = \varepsilon z = 0$；

（5）大地原点是苏联的普尔科沃；

（6）大地高程以 1956 年青岛验潮站求得的黄海平均海面为基准；

（7）建立 1954 北京坐标系的大地起算数据为：$L0 = 30°19'42.09''$，$B0 = 59°46'18.55''$，$A0 = 121°40'38.79''$（至布拉格方向），$NO = 0$。

1954 北京坐标系严格来说有 1954 北京坐标系和新 1954 北京坐标系两种。这两种坐标系有两个明显的区别：其一是坐标系统坐标轴的定向明确；其二是以整体平差转换值为结果。对高斯平面坐标来说，两者坐标差值在全国约 80% 地区在 5 m 以内，超过 5 m 的主要集中在东北地区，其中大于 10 m 又仅在少数边沿地区，最大达 12.9 m。这个差值一般没有超过以往资用坐标与平差坐标之差的范围。因此，反映在 1 : 5 万及更小比例尺的地形图上，绝大部分不超过 0.1 mm。

二、西安 1980 国家大地坐标系

西安 1980 国家大地坐标系（GDZ80）也叫 1980 西安大地坐标系。由于

1954 北京坐标系只是普尔科沃坐标系的延伸，存在着许多缺点和问题，因而在 1980 年 4 月在西安召开的《全国天文大地网平差会议》上，参加会议的 80 位专家、学者就建立我国新的大地坐标系统作了充分的讨论和研究，认为 1954 北京坐标系存在着椭球参数不够精确，参考椭球与我国大地水准面拟合不好等缺点，因此必须建立我国新的大地坐标系。会议上确立了建立我国新大地坐标系的五个原则：

（1）全国天文大地网整体平差要在新坐标系的参考椭球面上进行，命名该坐标系为 1980 国家大地坐标系。

（2）1980 国家大地坐标系的大地原点设在我国中部，具体地点为陕西省泾阳县永乐镇。

（3）采用国际大地测量和地球物理联合会 1975 年推荐的地球椭球参数，并依此参数推算地球扁率，赤道正常重力值和正常重力公式的各项系数。

（4）1980 国家大地坐标系的椭球短轴平行于由地球质心指向地极 JYDl968.0 方向，大地起始子午线应平行于格林威治子午面。

（5）椭球定位参数以我国范围内高程异常平方和等于最小为条件求定。

1980 国家大地坐标系的主要特点：

（1）属参心大地坐标系；

（2）采用多点定位；

（3）定向明确；

（4）大地原点在我国中部地区，推算坐标的精度比较均匀；

（5）大地点高程以 1956 年青岛验潮站求得的黄海平均海面为基准。

1980 国家大地坐标系主要椭球参数，采用既含几何参数又含物理参数的四个椭球基本参数，数值采用 1975 年国际大地测量与地球物理联合会第四届大会上的推荐值：

椭球长半轴：$a = 6\ 378\ 140 \pm 5$ m

地球引力常数：$G_M = 3.986005 \times 10^{14}$ m^3/s^2

地球重力场二阶带球谐系数：$J_2 = 1.08263 \times 10^{-3}$

地球自转角速度：$\omega = 7.29211515 \times 10^{-5}$ rad/s

根据以上四个参数可进一步求出：

①地球椭球扁率：$f = 1 : 298.257$

②赤道上的正常重力：$\gamma_e = 978.032$Gal

③正常重力公式中的常系数：$\beta = 0.005302$、$\beta_1 = 0.0000058$

④正常椭球面上正常重力位：$U_0 = 6263683$ kGalm

⑤短半轴：$b = 6356755.28816$ m

⑥极曲率半径：$c = 6399596.65199$ m

⑦第一偏心率平方：$e^2 = 0.006694384999588$

⑧第二偏心率平方：$e'^2 = 0.006739501819473$

三、WGS-84 坐标系

WGS-84 坐标系是一个协议地球坐标系，它的原点是地球的质心，Z 轴指向国际时间局 1984 年定义的协议地球极点方向，X 轴指向国际时间局 1984 年定义的零度子午面和协议地球极赤道的交点，Y 轴和 Z 轴、X 轴构成右手坐标系。WGS 84 坐标系是地心地面坐标系，它是修正美国海军导航星系统参考系 NSWC9Z-2 的原点和尺度变化，并旋转其零度子午面与国际时间局定义的零度子午面相一致而得到的。

WGS84 坐标系的主要椭球参数及要点：

（1）属地心大地坐标系；

（2）地球椭球长半轴：$a = 6\,378\,137$ m

（3）地球椭球短半轴：$b = 6\,356\,752.314\,2$ m

（4）地球极曲率半径：$c = 6\,399\,593.625\,8$ m

（5）地球动力因子（去除永久潮汐变形后）：$J_2 = 0.00108263$

（6）地球引力常数（含大气质量）：$G_M = 3.98603 \times 10^{14}$ m³/s²

（7）地球自转角速度：$\omega = 7.2921155 \times 10^{-5}$ rad/s

（8）赤道正常重力值：$\gamma_e = 978.032$ Gal

（9）第一偏心率平方：$e^2 = 0.00669437999013$

（10）第二偏心率平方：$e'^2 = 0.00673949674227$

（11）地球椭球扁率：$f = 1 : 298.257$

（12）地球椭球平均半径：$R = 6371008.77$ m

四、转换模型

针对海域权属的界址点坐标数据进行坐标转换工作主要有以下两种情况：一是针对采用 WGS84 坐标系进行施测的坐标数据，需要提供其北京 54 平面坐标系、西安 80 坐标系等数据，以满足项目施工和其他特定需求；二是针对过往以北京 54 平面坐标系、西安 80 坐标系等进行标识的项目界址点数据，为达到应用系统对其进行管理的目的，需要获取其 WGS84 地理坐标系数据。WGS84 坐标系与北京 54 坐标系和西安 80 坐标系的互相转换，主要有两种转换模型，一是平面转换模型，二是空间转换模型。

（1）平面转换模型。平面转换模型又称为"四参数法"，其转换原理是将 GPS 测量所得界址点地理坐标（B_{84}，L_{84}，H_{84}），以 WGS84 椭球参数为基准进行高斯投影变换，获得其平面直角坐标（X_{84}，Y_{84}），在假定 WGS84 椭球体和克拉斯基索夫椭球体参数一致的前提下，将（X_{84}，Y_{84}）转为在北京 54 坐标系下的平面坐标（$X_{54'}$，$Y_{54'}$）和西安 80 坐标系下的平面坐标（$X_{80'}$，$Y_{80'}$），然后根据四参数 Δx，Δy，缩放尺度 m，旋转角度 α，获得其在北京 54 坐标系或西安 80 坐标系中的平面坐标。由于四参数法转换法是建立在假定椭球体参数一致的基础上的，因此平面转换模型只适用于小范围内（最远点相距一般不超过 30 km）的坐标转换。平面转换模型原理简单，数值稳定可靠，但只适用于小范围的测量。

（2）空间转换模型。空间转换模型又可称为"七参数法"。它是通过将界址点在北京 54 坐标系或西安 80 坐标系中的地理坐标和 WGS84 坐标系中的地理坐标分别转换至北京 54 或西安 80 空间直角坐标和 WGS84 空间直角坐标，然后对处于不同空间直角坐标系中的同一点进行空间拟合。而由于这两个坐标系的参考椭球体不同，要完成点的拟合，需要用到以下 7 个参数，分别是：Dx，Dy，Dz 表示两个坐标系原点的平移值；$R\alpha$，$R\beta$，$R\gamma$ 表示两个坐标系旋转至平行时，分别绕 X、Y、Z 轴的旋转角度；缩放比例 k，用于调整椭球大小。

五、坐标转换技术方法

应用平面转换模型和空间转换模型对北京 54 坐标系和西安 80 坐标系转 WGS84 坐标的流程如图 7-5 所示。

1. 控制点获取

按照流程进行坐标转换，无论采取哪种转换模型，都需要取得测区的控制点数据。若采取平面转换模型，则需要具备至少两个以上的控制点，若采用空间转换模型，则需要具备至少三个以上的控制点。实际处理过程中，可能会遇到以下情况：若测区内具备详尽的控制点相关参数，可与测绘管理部门联系获取。

若只具备控制点的北京 54 坐标或西安 80 坐标，而无其 WGS84 坐标，建

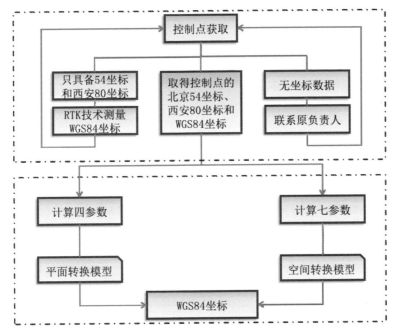

图 7-5　坐标系转换技术流程

议采用 RTK 测量方法，获取控制点的 WGS84 坐标；如具备若干已知北京 54
坐标或西安 80 坐标和 WGS84 坐标的"控制点"，可选择相距 3 km-4 km 的控
制点充当控制点，进行转换参数计算及后续运算。若只具备界址点的北京 54
坐标或西安 80 坐标，没有与之对应的 WGS84 坐标，而界址点的确切位置亦
无法获得，且控制点数据亦无法获取，需要联系该项目的测量负责人，重新
施测。控制点的筛选可利用统计检验的方法，构成合适的统计量检验控制点
中是否存在较大偏差对于平面转换模型可采用数据探测法，按剔除粗差的方
法找出控制点中偏差较大的点。

　　在完成控制点的获取后，根据所获取控制点的数据特点，结合待转换点
的界址坐标数据特点，选择适当的转换模型，进行转换参数及投影等坐标转
换的计算。

　　采集利用精密单点定位技术（PPP），在已知点和待定点上，安置、整平
和对中 GPS 接收机，不同方向两次量取天线高然后方可开机，待卫星数达到
4 颗以上，存储数据即可，期间测量员需要时时监测接收机的状态，比如卫星
失锁情况、电池电量情况和数据的记录情况等。时段长度根据精度要求而定，
一般在 4~24 小时之间，优化后一般在 6 小时。

2. 应用平面转换模型进行转换

获取两个以上的控制点之后，即可利用控制点进行平面转换模型中的四参数求解。将控制点的 WGS84 坐标进行高斯平面投影，求解其北京 54 或西安 80 平面坐标的步骤如下：对 WGS84 地理坐标进行高斯投影，投影公式如下：

$$
\begin{cases}
x' = X + \dfrac{N}{2}t\cos^2 Bl^2 + \dfrac{N}{24}t(5 - t^2 + 9\eta^2 + 4\eta^4)\cos^4 Bl^4 + \dfrac{N}{720}t(61 - 58t^2 + t^4) + \cos^6 l^6 \\[2mm]
y' = N\cos Bl + \dfrac{N}{6}(1 - t^2 + \eta^2)\cos^3 Bl^3 + \dfrac{N}{120}(5 - 18t^2 + t^4 + 14\eta^2 - 58\eta^2 t^2)\cos^5 Bl^5
\end{cases}
$$

在假定 WGS84 椭球体和北京 54 及西安 80 椭球体参数一致的前提下，求解 $\triangle x$，$\triangle y$，缩放尺度 m，旋转角度 α。

$$
\begin{bmatrix} x \\ y \end{bmatrix} = \begin{bmatrix} \Delta x \\ \Delta y \end{bmatrix} + (1 + m)\begin{bmatrix} \cos\alpha & \sin\alpha \\ -\sin\alpha & \cos\alpha \end{bmatrix}\begin{bmatrix} x' \\ y' \end{bmatrix}
$$

求解出四参数后，即可应用平面转换模型，进行坐标转换。

①求解北京 54 或西安 80 平面坐标对应的 WGS84 平面坐标。求解公式如下：

$$
\begin{bmatrix} x \\ y \end{bmatrix} = \begin{bmatrix} \Delta x \\ \Delta y \end{bmatrix} + (1 + m)\begin{pmatrix} \cos\alpha & \sin\alpha \\ -\sin\alpha & \cos\alpha \end{pmatrix}\begin{bmatrix} x' \\ y' \end{bmatrix}
$$

②求解出 WGS84 平面坐标后，采用迭代法，反解 WGS84 地理坐标。反解公式为：

$$
\begin{cases}
L = L_0 + \dfrac{1}{\cos B_f}\left(\dfrac{y}{N_f}\right)\left[1 - \dfrac{1}{6}(1 + 2t_f^2 + \eta_f^2)\left(\dfrac{y}{N_f}\right) + \dfrac{1}{120}(5 + 28t_f^2 + 24t_f^4 + 6\eta_f^2 + 8\eta_f^2 t_f^2)\left(\dfrac{y}{N_f}\right)^4\right] \\[2mm]
B = B_f - \dfrac{t_f}{2M_f}y\left(\dfrac{y}{N_f}\right)\left[1 - \dfrac{1}{12}(5 + 3t_f^2 + \eta_f^2 - 9\eta_f^2 t_f^2)\left(\dfrac{y}{N_f}\right)^2 + \dfrac{1}{360}(61 + 90t_f^2 + 45t_f^4)\left(\dfrac{y}{N_f}\right)^4\right]
\end{cases}
$$

其中：L_0 为中央子午线经度；

$$M_f = 1(1 - e^2)/(^1 - e^2\sin^2 B_f)\, 3/2$$

$$N_f = a/(^1 - e^2\sin^2 B_f)\, 1/2$$

$$\eta_f = e\cos B_f/(^1 - e^2)\, 1/2$$

平面转换模型是不严密的转换模型，只适用于范围较小的坐标转换；大范围内的坐标转换，应尽量采用空间转换模型。

3. 应用空间转换模型进行转换

获得三个以上控制点后，即可进行七参数的求解。

①根据控制点的 WGS84 地理坐标坐标（B_{84}，L_{84}，H_{84}）利用 WGS84 椭

球体参数，采用以下公式求出 WGS84 平面坐标 (X_{84}, Y_{84}, Z_{84})。

$$\begin{cases} X_{84} = (N + H_{84})\cos B \cos L \\ Y_{84} = (N + H_{84})\cos B \sin L \\ Z_{84} = [N(1 - e^2 + H_{84})]\sin B \end{cases}$$

其中：$N = \dfrac{a}{\sqrt{1 - e^2 \sin^2 B}}$

②根据控制点的地理坐标 (B, L, H)，求出控制点的空间直角坐标 (X, Y, Z)。

$$\begin{cases} X = (N + H)\cos B \cos L \\ Y = (N + H)\cos B \sin L \\ Z = [N(1 - e^2) + H]\sin B \end{cases}$$

经过以上两步运算，即求出了同一个点在不同的坐标系下的空间直角坐标。接下来需要进行的工作就是将这个点所处的两个坐标系进行拟合。考虑到两个坐标系的原点不同，XYZ 轴方向、基准面、托球体大小都存在差异，因此需要进行 XYZ 轴的平移、XYZ 轴的旋转、尺度缩放，才能完成点的拟合。

③根据控制点的 WGS84 平面坐标和北京 54 或西安 80 平面坐标，应用以下公式：

$$\begin{pmatrix} X_{84} \\ Y_{84} \\ Z_{84} \end{pmatrix} = \begin{pmatrix} D_x \\ D_y \\ D_z \end{pmatrix} + (1 + k)R(\alpha)R(\beta)R(\gamma)\begin{pmatrix} X \\ Y \\ Z \end{pmatrix}$$

求解出 D_x，D_y，D_z，$R\alpha$，$R\beta$，$R\gamma$，k 七个参数。特殊情况下，如果只有一个控制点数据，在测量范围较小（两点距离小于 30 km）时，可以将 $R\alpha$，$R\beta$，$R\gamma$，k 视为 0，即两个空间直角坐标系的 XYZ 基准面是分别平行的，只需要进行三个基准面的平移即可，即只需求解 D_x，D_y，D_z 三个参数即可（三参数法）。三参数法相比于七参数法模型是不严密的，仅限于较小范围内的坐标转换，其转换公式如下：

$$\begin{pmatrix} X_{84} \\ Y_{84} \\ Z_{84} \end{pmatrix} = \begin{pmatrix} D_x \\ D_y \\ D_z \end{pmatrix} + \begin{pmatrix} X \\ Y \\ Z \end{pmatrix}$$

在获得七参数后，即可应用空间转换模型，进行坐标转换。

①求解北京 54 或西安 80 平面坐标对应的地理坐标：

与平面转换模型相似，同样采用迭代法反解北京 54 或西安 80 地理坐标。迭代公式为：

$$\begin{cases} L = L_0 \dfrac{1}{\cos B_f}\left(\dfrac{y}{N_f}\right)\left[1 - \dfrac{1}{6}(1 + 2t_f^2 + \eta_f^2)\left(\dfrac{y}{N_f}\right) + \dfrac{1}{120}(5 + 28t_f^2 + 24t_f^4 + 6\eta_f^2 + 8\eta_f^2 t_f^2)\left(\dfrac{y}{N_f}\right)^4\right] \\ B = B_f \dfrac{t_f}{2M_f}\left(\dfrac{y}{N_f}\right)\left[1 - \dfrac{1}{12}(5 + 3t_f^2 + \eta_f^2 + 9\eta_f^2 t_f^2)\left(\dfrac{y}{N_f}\right)^2 + \dfrac{1}{360}(6 + 90t_f^2 + 45t_f^4)\left(\dfrac{y}{N_f}\right)^4\right] \end{cases}$$

②求解空间直角坐标。求解出地理坐标系之后，求解出空间直角坐标，求解公式为：

$$\begin{cases} X = (N + H)\cos B \cos L \\ Y = (N + H)\cos B \sin L \\ Z = \left[N(1 - e^2) + H\right]\sin B \end{cases}$$

其中：$N = \dfrac{a}{\sqrt{1 - e^2 \sin^2 B}}$

③应用七参数，求解 WGS84 空间直角坐标，计算公式如下：

$$\begin{pmatrix} X_{84} \\ Y_{84} \\ Z_{84} \end{pmatrix} = \begin{pmatrix} D_x \\ D_y \\ D_z \end{pmatrix} + (1 + k)R(\alpha)R(\beta)R(\gamma)\begin{pmatrix} X \\ Y \\ Z \end{pmatrix}$$

④根据 WGS84 椭球体参数，求解界址点的 WGS84 地理坐标，计算公式如下：

$$\begin{cases} B = \arctan\left[(Z + Ne^2\sin B) / \sqrt{X^2 + Y^2}\right] \\ L = \arctan\left(\dfrac{Y}{X}\right) \\ H = \sqrt{X^2 + Y^2}\sec B - N \end{cases}$$

第三节　海域使用遥感成果集成系统

考虑各类海域使用遥感监测成果开发与运行环境的多样性、复杂性与交互性，本节确定了三条系统集成技术路线：①C#类库调用，集成平台提供输入输出界面，通过调用 C#类库编译后的 dll 库文件，完成对算法的集成；②C++动态链接库调用，集成平台提供输入输出界面，然后调用 C++动态链接库函数，并由 dll 链接库做"黑盒"影像处理运算，函数最终返回 true/false，若返回 true，集成平台就做结果读取与交入库显示等工作；③基于 EXE 可执行程序集成，C#集成平台直接调用EXE可执行程序，当集成平台调用完EXE可执行模块后，EXE可执行模块即可独立运行，不需要与集成平台进行参数的交互传输。

为了能够更好的完成系统集成工作，编制完成了系统集成工作方案，内容包括如下五个部分：

①前期准备：各项目单位协助集成单位完成集成模块需求调研。

②模块自检：各项目单位根据算法集成规范，进行模块接口和参数的调整，并向集成单位提供必要的技术资料。

③模块检测：由业务运行单位依据各模块的技术文档，进行流程检测，满足技术标准后进入主系统进行集成。

④模块集成：集成单位按照各单位提交的成果进行各模块算法的有效集成。

⑤综合调试：各项目单位派专业人员参加海域集成系统的综合集成与调试，集成单位负责提供必要的软硬件环境。

在Visual Studio.net2008平台上，结合ArcGISEngine10，以遥感影像处理、水边线提取、边缘变化监测、围填海评价为应用算法，实现基于数据处理分析、结果可视化及数据库管理的集成，其总体结构设计如图7-6所示。

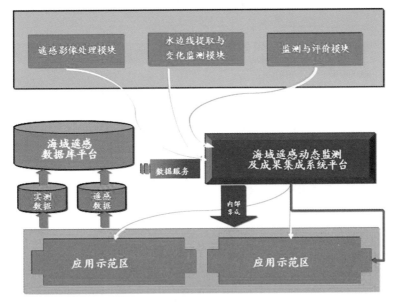

图7-6　系统集成总体结构设计

一、遥感影像处理模块

将 HJCCD、SPOT、IKONOS、QuickBird、WorldView、ZY03 等不同星源的影像实现系统级几何校正。点击"HJCCD"子菜单，弹出对话框，加载相应数据；点击"IKONOS"子菜单，弹出对话框，加载 Ikonos 影像数据（图 7-7、图 7-8）。

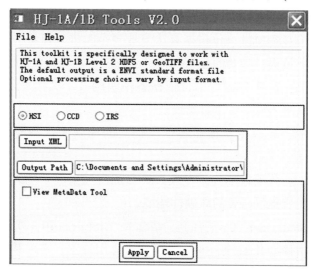

图 7-7　加载环境星遥感影像对话框

图 7-8　加载 Ikonos 影像数据对话框

　　像素级几何校正菜单项包含影像-影像自动校正、控制点交互校正、SIFT/PANSAC 算法、影像控制点算法、批量处理算法等功能。点击"控制点交互调整"子菜单，弹出对话框，加载相应数据，并根据向导依次处理，得到计算结果（图7-9）。

图7-9　控制点交互调整对话框

　　影像匀色镶嵌菜单项包含自然色拟合、拼接线生成等子菜单。点击"拼接线生成"菜单，弹出对话框，选择影像数据，根据向导依次处理，得到拼接线（图7-10）。

　　空间图形编辑主要用于对创建的训练样本区数据进行图形绘制与属性编辑。点击"显示编辑工具条"菜单，将会显示编辑工具条，可以绘制点、线、面等多边形。还可以根据编辑工具条上的属性编辑按钮，对选择的要素进行属性编辑。另外，点击空间图形编辑菜单下的"隐藏编辑工具条"，可以实现对编辑工具条的隐藏（图7-11、图7-12）。

二、遥感监测模块

　　水边线提取菜单主要用于实现提取瞬时水边线与海岸线变化分析，包含训练区图层创建、海岸带分类、提取瞬时水边线、提取分类水边线与海岸线变化分析等功能。功能入口在主窗口的水边线提取主菜单下（图7-13）。

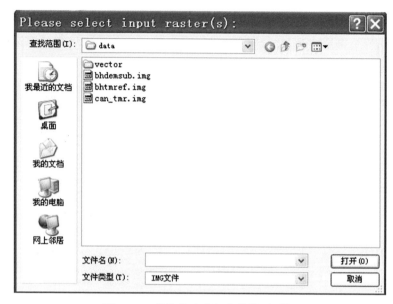

图 7-10　拼接线生成加载数据对话框

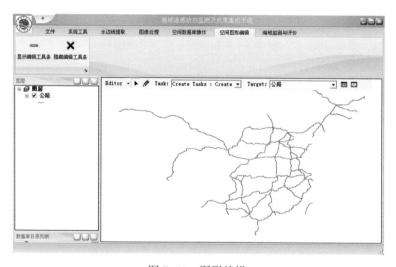

图 7-11　图形编辑

　　创建一个训练样本 shape 文件，shape 文件为多边形。点击"输入参考影像数据"中的"浏览"按钮，输入需要分类的遥感影像数据；然后点击"输出矢量图层"中的"浏览"按钮，选择创建的 shape 文件的保存位置及

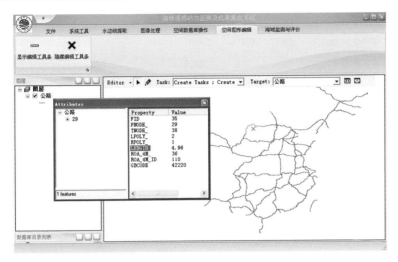

图7-12　属性编辑

图7-13　水边线提取功能菜单

其文件名。最后点击"确定"按钮，得到的训练区样本结果（图7-14、图7-15）。

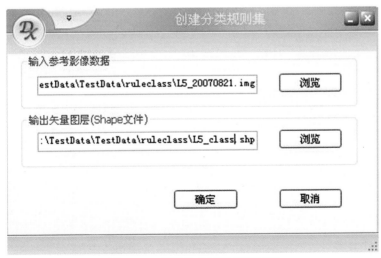

图7-14　创建分类规则集对话框

图 7-15　创建的分类规则集 Shape 文件

　　针对各类遥感影像，提取其瞬时水边线，并以矢量 shape 文件存储提取结果。通过"浏览"按钮分别输入海岸带遥感影像数据、提取的水边线结果的存储位置，并选择输入影像数据的星源类型，最后点击"确定"按钮，得到的结果（图 7-16、图 7-17）。

图 7-16　提取瞬时水边线对话框

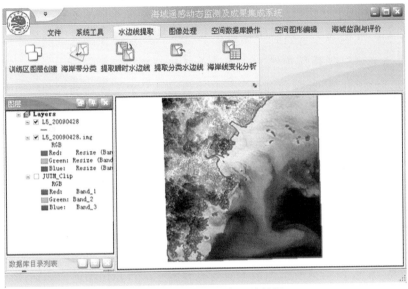

图 7-17　提取瞬时水边线结果

　　针对各类遥感影像，提取海岸线并自动识别海岸线类型，同时计算各类海岸线长度，并以矢量 shape 文件存储。点击"输入影像数据"中的"浏览"按钮，选择遥感影像数据；然后点击"输出分类海岸线数据"中的"浏览"按钮，选择结果数据的存储位置及文件名；接着通过下拉列表选择输入影像数据的类型；最后点击"确定按钮"（图 7-18）。

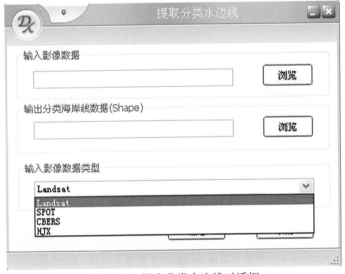

图 7-18　提取分类水边线对话框

　　根据两个时期的海岸线，确定该区域海岸线变化情况。输入参数为两个不同时期的海岸线，其数据格式都是＊.shp文件，其中一个shape文件为基准海岸线数据，另一个shape文件是要监测的海岸线数据；输出数据为监测分析的结果，用来表明哪些地方发生了改变，其数据结果也是shape矢量文件（图7-19）。

图7-19　海岸线变化分析对话框

第四节　海域使用遥感监测信息共享技术

　　基于数据分析研究基础，确定多模式的综合共享方法，完成系统的共享研究内容及共享技术路线确立。共享模式包含如下三种方式（图7-20）。

　　①数据交换共享——XML：数据源更新，标准化输入输出。

　　②海量数据共享——服务：矢量数据、遥感影像数据WMS标准化服务。

　　③应用接口共享——Web Service：应用间可控、安全标准化接口。

　　80%的数据与位置有关，GIS数据包含空间信息，能够很好地实现可视化，可以直观地反映事物、现象空间分布，进行相关的空间分析、可视化表达。但数据量庞大是其缺点，GIS数据共享方式一直是近年来研究热点。从目前海域使用动态监视监测系统中的数据来看，数据量早已经达到TB级，只靠

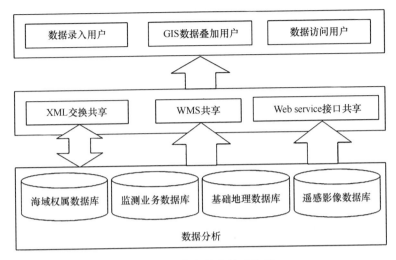

图 7-20　信息共享技术路线

离线数据共享方式来提供服务显然是不适合的，因而，研究基于在线的数据共享服务方式，是最佳解决方法。

　　OGC 提出的 WMS 规范为 GIS 数据共享提供了一个便捷手段。它利用具有空间地理位置信息的数据制作地图，在 WMS 规范中将地图定义为地理数据的可视化表现。WMS 定义了 GetCapabilities、Map、GetFeatureInf 三种操作，用户可以通过这三种操作来获得相应的地图服务。WMS 模型如图 7-21 所示。

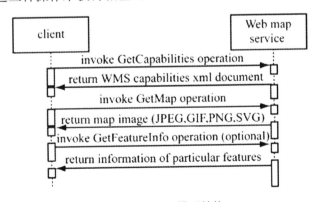

图 7-21　WMS 模型结构

　　多个信息系统间数据共享，一般可通过数据库共享方式解决，但这种解决方法的风险较高，由于系统间数据库结构不同，在实际操作中易造成数据损失。因此要研究一种基于应用层、可控、单向传输的应用接口，使得系统间相互读取数据在可控的安全模式下进行。

　　Web service 就是这种构建应用程序的普遍模型，可以在任何支持网络通信的操作系统中实施运行；是一种新的 web 应用程序分支，是自包含、自描述、模块化的应用，可以发布、定位、通过 web 调用。Web Service 是一个应用组件，它逻辑性的为其他应用程序提供数据与服务。各应用程序通过网络协议和规定的一些标准数据格式（Http，XML，Soap）来访问 Web Service，通过 Web Service 内部执行得到所需结果。Web Service 可以执行从简单的请求到复杂商务处理的任何功能，对数据读取操作进行完全控制。Web service 构建技术路线如图 7-22 所示：

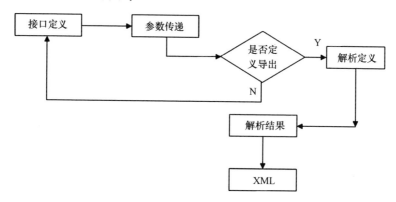

图 7-22　Web service 构建技术路线

　　"数据库目录树管理"模块为用户提供了 4 个数据库目录树管理的基本功能，如图 7-23 所示，分别是"打开目录树"、"保存目录树"、"目录树另存为"、"添加数据库"。

图 7-23　数据库目录树管理模块

　　单击"打开目录树"菜单，打开如图 7-24 所示窗口。用户可以选导入本地存储的目录树文件，格式为 xml。单击"确定"导入目录树文件。用户可以切换至数据库窗口查看目录树，如图 7-25 所示。

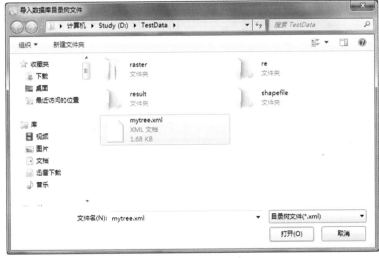

图 7-24　打开目录树

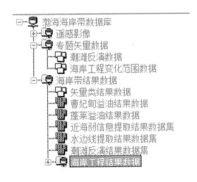

图 7-25　查看目录树

单击"保存目录树"菜单，如图 7-26，系统会提示"是否将当前目录树保存至共享数据库目录中"，单击"是"进行保存。单击"否"取消保存。

图 7-26　保存目录树

单击"目录树另存为"菜单，打开如图 7-27 的窗口，用户可将当前目录树以 xml 文件的形式保存至本地。

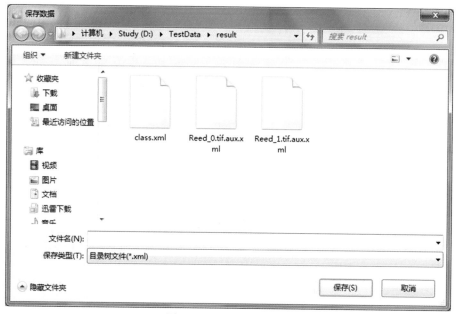

图 7-27　目录树另存为

用户可以在当前目录树中自行添加新的数据库目录，单击"添加数据库"菜单，弹出如图 7-28 所示窗口。系统支持 SDE 和 Personal GDB 两种类型的数据库。

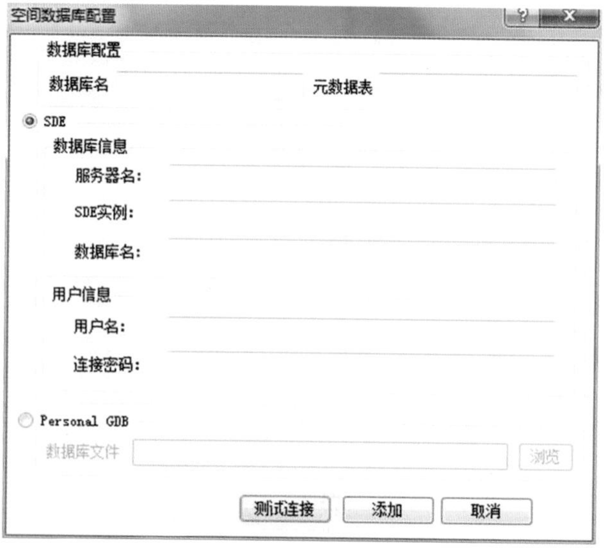

图 7-28　添加数据库

对于 SDE 数据库，用户需要铁屑必要的数据库信息和用户信息。服务器名字数据库信息包括服务器名、SDE 实例和数据库名；用户信息包括用户名和连接密码。填写完整信息后，点击"测试连接"按钮测试数据库是否能够连接，若系统提示连接成功，点击"添加"按钮将该数据库添加至当前目录树中。对于 Personal GDB 数据库，用户直接选择 GDB 格式的数据库文件加载至系统即可。

本章小结

本章主要根据海域使用遥感动态监测成果形式，针对海洋功能区划、海域使用权属、地面监视监测以及遥感监测等多种成果数据，介绍如何构建海域使用遥感成果集成应用系统，并通过研究多源海域数据的集成与管理技术、可视化展示技术和信息共享技术等内容，以提高海洋管理工作信息化水平。

第八章 海域使用遥感监测技术应用实践

第一节 遥感影像几何校正技术应用实践

遥感影像几何校正技术应用的数据主要包括葫芦岛地区 spot 影像 5 景，资源卫星影像 6 景，环境星影像 6 景，如表 8-1 所示。连云港地区 spot 影像 5 景，资源卫星影像 2 景，环境星影像 7 景，如表 8-2 所示。

表 8-1　葫芦岛遥感影像数据列表

高精		低精	
时间	数据源	时间	数据源
2007 年 5 月 25 日	spot	2010 年 6 月 6 日	HJ1a
2007 年 5 月 26 日	spot	2010 年 4 月 30 日	HJ1a
2010 年 10 月 8 日	spot	2010 年 9 月 28 日	HJ1a
2011 年 11 月 23 日	spot	2010 年 9 月 27 日	TM
2011 年 11 月 28 日	spot	2011 年 4 月 4 日	HJ1a
2012 年 9 月 17 日	ZY02C	2011 年 10 月 17 日	HJ1a
2012 年 5 月 4 日	ZY02C（两幅）	2012 年 1 月 1 日	HJ1a
2012 年 4 月 8 日	ZY3（两幅）	2012 年 3 月 26 日	HJ1b
2012 年 5 月 27 日	ZY3		

表 8-2　连云港遥感影像数据列表

高精		低精	
时间	数据源	时间	数据源
2008 年 12 月 2 日	spot	2010 年 3 月 10 日	HJ1b
2010 年 4 月 5 日	spot	2010 年 3 月 26 日	HJ1b
2010 年 6 月 6 日	spot	2010 年 11 月 25 日	HJ1a
2011 年 4 月 24 日	spot	2011 年 4 月 13 日	HJ1b
2011 年 4 月 29 日	spot	2011 年 9 月 24 日	HJ1a
2012 年 6 月 2 日	ZY02C	2012 年 1 月 27 日	HJ1b
2012 年 4 月 8 日	ZY02C	2012 年 9 月 29 日	HJ1b
2012 年 6 月 11 日	ZY3（两幅）		

　　应用海域使用动态监测遥感影像处理软件，对葫芦岛和连云港等地的环境星、spot 和资源卫星数据进行了系统纠正。海域使用动态监测遥感影像系统主菜单见图 8-1，菜单功能见图 8-2。

文件　显示　图像处理　系统级几何校正　像素级几何校正　影像匀色镶嵌　产品制作　窗口　关于

图 8-1　海域使用动态监测遥感影像系统主菜单

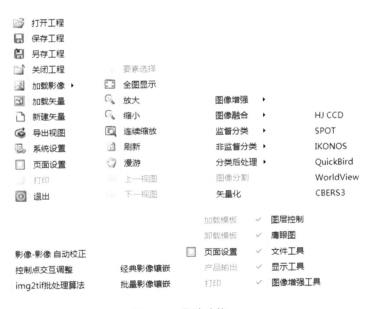

图 8-2　菜单功能

经过系统几何校正，输出的主要几何校正遥感影像成果包括 SPOT 多波段和全色遥感影像、资源卫星遥感影像、环境星遥感影像的处理结果。葫芦岛地区遥感影像处理结果如图 8-3 所示。

图 8-3 ZY02C_ PMS_ E120. 3_ N40. 3_ 20120917_ L1C0000680022-MUX. tiff 的处理结果

第二节 海域使用遥感分类判别技术应用实践

基于 2013 年资源三号（ZY-3）遥感影像、天绘一号（TH）遥感影像和 RapidEye（RE）遥感影像等高分辨率卫星遥感影像，以中部沿海的江苏省和上海市海域作为的实验样区，对第三章建立的海域使用遥感分类体系进行实验应用，其主要技术流程如下：

（1）以江苏省和上海市的管理岸线为准，与高精遥感影像叠加核准。

（2）提取瞬时的水陆边线，包括所有填海、围海、构筑物的最外部水边线。

（3）确定管理岸线与水陆边线之间的现状岸线。以《海籍调查规范》等相关标准和技术规范为依据，以水陆边线为基础，判断和提取现状岸线。如在水陆边线中，有的构筑物轮廓线不能作为海岸线，则从根部截取。

（4）参照第三章建立的海域使用遥感分类体系，勾绘用海地物，判别用海方式与用海类型。即在管理岸线和现状岸线之间，勾画包含的水面和滩涂（围割海域）、围海道路、堤坝、填海造地等多边形，在此基础上，经拓扑处理后，判别用海方式、用海类型、确权等属性信息。

江苏省各沿海地市的海域使用情况遥感判别结果如表 8-3 所示。

表 8-3　江苏省海域使用遥感判别结果统计表

区县统计项		用海地物总面积（km²）		图斑个数
连云港市	赣榆县	17.60		956
	连云区	78.30	121.6	3 710
	灌云县	25.70		1 431
盐城市	响水县	30.45		1 069
	滨海县	7.27		261
	射阳县	110.51	610.9	4 663
	大丰县	218.33		6 391
	东台市	244.38		4 368
南通市	如东县	160.58		5 665
	通州区	27.14	325.0	179
	海门市	29.00		295
	启东市	108.25		4 546
合计		1 057.55		33 534

连云港市共判别用海地物总面积 121.6 km²，见图 8-4。所辖各区县具体用海类型的面积统计如表 8-4 所示，涉及用海类型主要包括渔业基础设施用海、围海养殖用海、开放式养殖用海、盐业用海、船舶工业用海、电力工业用海、其他工业用海、港口用海、路桥用海、旅游基础设施用海、城镇建设填海造地用海、农业填海造地用海、废弃物处置填海造地用海以及其他用海。

图例

▢ 渔业基础设施用海		▢ 港口用海	
▢ 围海养殖用海		▢ 路桥用海	
▢ 开放式养殖用海		▢ 旅游基础设施用海	
▢ 盐业用海		▢ 城镇建设填海造地用海	
▢ 船舶工业用海		▢ 农业填海造地用海	
▢ 电力工业用海		▢ 废弃物处置填海造地用海	
▢ 其他工业用海		▢ 其他用海	
		—— 连云港市管理岸线	

图 8-4　连云港市海域使用分类遥感判别结果示意图

表 8-4　连云港市各区海域使用分类遥感判别结果统计表

用海类型统计项	用海面积（m²）		
	赣榆县	连云区	灌云县
渔业基础设施用海	11 633.5	52 850	180 082.3
围海养殖用海	6 847 479.5	6 068 263.2	14 830 272
开放式养殖用海	6 031 574.4	34 457 407	0
盐业用海	0	0	3 024 040.9
船舶工业用海	0	0	41 908.3
电力工业用海	0	319 186	40 683.3
其他工业用海	0	16 266.2	27 269.2
港口用海	1 586 095.4	17 571 047	1 507 883.2
路桥用海	12 455.7	0	58 282.7
旅游基础设施用海	0	3 765.8	0
城镇建设填海造地用海	2 929 378.5	18 746 835	0
农业填海造地用海	0	0	4 906 364.1

续表

用海类型统计项		用海面积（m²）		
		赣榆县	连云区	灌云县
废弃物处置填海造地用海		0	46 591.9	0
其他用海		209 285.2	1 033 760.4	1 078 646.3
合计	面积	17 627 902	78 315 972	25 695 433
		121 639 306.7		
	图斑数	956	3 710	1 431

　　盐城市共判别用海地物总面积610.9 km²，见图8-5。所辖各区县具体用海类型的面积统计如表8-5所示，涉及用海类型主要包括渔业基础设施用海、围海养殖用海、开放式养殖用海、船舶工业用海、电力工业用海、其他工业用海、港口用海、路桥用海、城镇建设填海造地用海和其他用海。

图 8-5　盐城市海域使用分类遥感判别结果示意图

表 8-5　盐城市各区县海域使用分类遥感判别结果统计表

用海类型统计项		用海面积（m²）				
		响水县	滨海县	射阳县	大丰县	东台市
渔业基础设施用海		0	0	0	35 992.9	77 046.2
围海养殖用海		11 076 134	5 764 459.3	52 077 730	169 646 794	168 436 517
开放式养殖用海		0	0	0	41 560.7	64 887 736
船舶工业用海		3 036 294.7	0	0	0	0
电力工业用海		106 888.6	0	443 935.7	1 297 211.2	309 175.4
其他工业用海		0	0	19 937 824	0	0
港口用海		0	404 222.3	487 703.2	8 572 036.4	0
路桥用海		0	0	493 208	212 401.3	0
城镇建设填海造地用海		13 451 983	0	3 913 625.2	32 778 326	10 653 209
其他用海		2 779 974.4	1 105 199	33 154 678	5 743 795.9	12 667.2
合计	面积	30 451 274	7 273 880.6	110 508 704	218 328 119	244 376 351
		610 938 328.6				
	个数	1 069	261	4 663	6391	4 368

　　南通市共判别用海地物总面积 325.0 km²，见图 8-6。所辖各区县具体用海类型的面积统计如表 8-6 所示，涉及用海类型主要包括渔业基础设施用海、

图 8-6　南通市海域使用分类遥感判别结果示意图

围海养殖用海、开放式养殖用海、电力工业用海、其他工业用海、港口用海、路桥用海、旅游基础设施用海、城镇建设填海造地用海、农业填海造地用海、废弃物处置填海造地用海和其他用海。

表8-6 南通市各区县海域使用分类遥感判别结果统计表

用户类型统计项	用海面积（m²）			
	如东县	通州区	海门市	启东市
渔业基础设施用海	7 306.7	2 791	0	7 270 716.7
围海养殖用海	80 266 353	177 330.3	335 057.9	33 215 251
开放式养殖用海	2 213 311.3	0	207 605.6	0
电力工业用海	743 009.1	0	0	19 225 244
其他工业用海	33 771 394	8 732 983.9	1 818 522.4	1 887 602.3
港口用海	3 138 911.7	0	522 084.4	10 599 050
路桥用海	115 681.9	0	0	1 559 122.4
旅游基础设施用海	0	0	0	520 344.2
城镇建设填海造地用海	29 809 764	12 303 097	18 140 495	29 963 655
农业填海造地用海	0	5 908 418	4 300 738.6	817 623.8
废弃物处置填海造地用海	0	0	0	3 062.3
其他用海	10 017 262	17 853.4	434 593	1 054 860.1
用海地物图斑合计 面积	160 579 812	27 142 473	29 001 193	108 253 011
	324 976 488.6			
用海地物图斑合计 个数	5 665	179	295	4 546

上海市行政区管辖海域主要包括崇明县（包括长兴岛与横沙岛在内）、宝山区、浦东新区、奉贤区以及金山区。共判别用海地物总面积273.45 km²，判别的图斑总数为2 769个，见表8-7，崇明县的遥感判读结果见图8-7。

表8-7 上海市海域使用遥感判别结果统计表

区县统计项	用海地物总面积（km²）	图斑个数
崇明县	233.47	1992
宝山区	3.60	151
浦东新区	24.54	348
奉贤区	8.86	181
金山区	2.98	97
上海地区合计	273.45	2 769

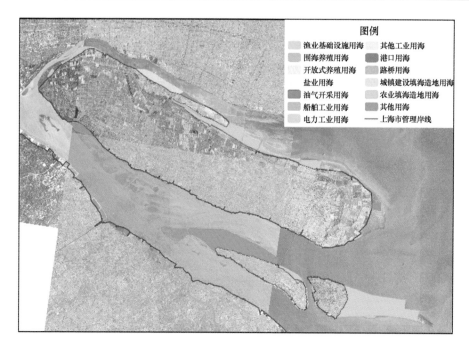

图 8-7 崇明县海域使用分类遥感判别结果示意图

在对判读结果进行检验时，将海域使用遥感对象判别结果的确定性程度划分为三种类型，具体见表 8-8。

表 8-8 判别结果的确定性程度划分

编码	判别结果确定性	定义
1	明确	海域使用遥感对象判别依据充分，判别结果明确，基本无不确定性。
2	疑似	海域使用遥感对象判别依据大部分清楚，判别结果基本可以推定，但存在一定的不确定性。
3	未知	海域使用遥感对象判别依据大部分不够清楚，判别结果不宜明确。

海域使用遥感分类判别结果，主要通过两种途径进行检验与评价。

（1）实地踏勘核对。

在全面获得江苏省、上海市的海域使用遥感判别结果的基础上，主要对用海地物以及用海类型判定为疑似和未知的全部用海图斑进行核准，同时对用海地物以及用海类型判定为明确的用海图斑，进行随机抽样调查，并进行现场登记与确认。

（2）与业务管理实际数据比对。

在实地踏勘调查同时，还通过与上海市及江苏省沿海地市级海域使用实际数据比对，针对用海地物以及用海类型判定为疑似和未知的用海图斑进行逐一核实，同时对用海地物以及用海类型判定为明确的用海图斑，进行核对。

基于以上两种途径，对江苏省、上海市的海域使用遥感分类判别结果进行检验，重点包括用海地物的识别率，海域使用类型判别的准确率与误判率。为了对提取结果进行定量分析并比较其精度，这里主要是采用像元图斑数量误差准则进行精度评价。具体评价过程为：首先依据海域使用遥感分类体系，对原高精影像进行目视判别勾画出能够识别的主要用海地物，判别用海地物类型和海域使用类型，然后通过现场核查以及与业务主管部门核实，利用海域使用现状权属数据进行叠加分析等，获得正确的地物类型、用海类型参照图斑，最后将判别结果与参照图斑进行叠加比较，得到正确提取的用海类型图斑和误判别的用海类型图斑数。识别率为目视判别勾画用海地物图斑与参照用海地物图斑的一致性比率，准确率为目视判别勾画图斑与参照图斑重合的图斑比率，误判率为与参照图相比，目视判别错误的图斑比率。表8-9所示为江苏省各地区的海域使用遥感分类结果检验精度评价结果，表8-10所示为上海市各地区的海域使用遥感分类结果检验精度评价结果。

表8-9　江苏省海域使用遥感分类结果检验精度评价表（单位：%）

区县统计项		用海地物的识别率	用海类型判别准确率	用海类型误判率
连云港市	赣榆县	100	99	1
	连云区	99	97	3
	灌云县	100	98	2
盐城市	响水县	100	96	4
	滨海县	100	98	2
	射阳县	99	97	3
	大丰县	98	96	4
	东台市	99	97	3
南通市	如东县	98	95	5
	通州区	99	96	4
	海门市	99	95	5
	启东市	98	97	3

表 8-10　上海市海域使用遥感分类结果检验精度评价表（单位：%）

区县统计项	用海地物的识别率	用海类型判别准确率	用海类型误判率
崇明县	97	91	9
宝山区	100	95	5
浦东新区	100	90	10
奉贤区	100	97	3
金山区	100	93	7

从表 8-9、表 8-10 可知，应用建立的海域使用遥感分类体系对江苏省和上海市进行用海地物的识别，用海方式的判断以及用海类型的推断，其用海地物的识别率以及用海类型判别的准确率较高，均达到 90% 以上，可以有效地满足地方海域使用动态监视监测管理业务的技术需求。

第三节　重点用海类型遥感监测技术应用实践

根据典型用海方式信息提取技术流程，以葫芦岛、连云港为示范区开展了典型用海方式信息提取工作。选择 2010 年、2012 年高精度卫星遥感影像作为数据源，分别对连云港、葫芦岛的遥感影像进行了数据预处理、信息提取、矢量编辑等工作。以 2010 年遥感影像作为基础数据，得到了两个示范区的2012 年的典型海域使用类型信息，并进行专题制图（图 8-8 和图 8-9）。

选择江苏如东洋口渔港和海门市滨海新区，采用面向对象的遥感影像分类方法，开展高分辨率海岸带地物分类和海域使用专题信息提取技术应用示范，关键技术包括：①多尺度影像分割技术；②多元特征提取、表达与信息耦合；③特征绑定下的海岸带地物分类和专题信息提取方法；④面向对象信息提取软件原型及其应用检验。具体流程见图 8-10。

江苏如东洋口渔港基于多特征的遥感影像多尺度分割算法步骤包括：①采用降水分水岭变换进行初步分割，获取图像次一级斑块，即分割亚基元；②设计可重复合并的快速图斑合并方法，进行亚基元的层次归并获得最后分割斑块，完成图像分割。多尺度遥感影像分割结果示例见图 8-11。

海门市滨海新区 SVM 面向对象分类的实现步骤包括：①图像分割：对图像仿 EC 多尺度图像分割，可解决像素分类中的一个或几个像素孤立小区域的问题；②样本采集：可按实际需求根据分割图斑采集，调整；③特征设置：

图 8-8　葫芦岛典型用海信息提取

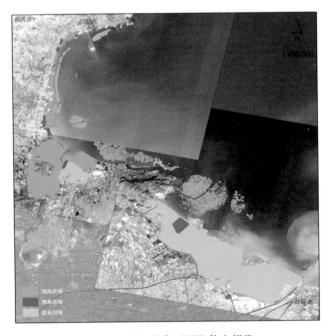

图 8-9　连云港典型用海信息提取

图 8-10　面向对象信息提取流程

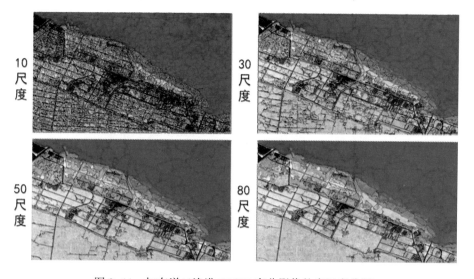

图 8-11　如东洋口渔港 SPOT5 高分影像的多尺度分割

设定分类特征；④图像分类：利用 SVM 分类器样本训练，基元分类。多尺度遥感影像分割结果示例见图 8-12。

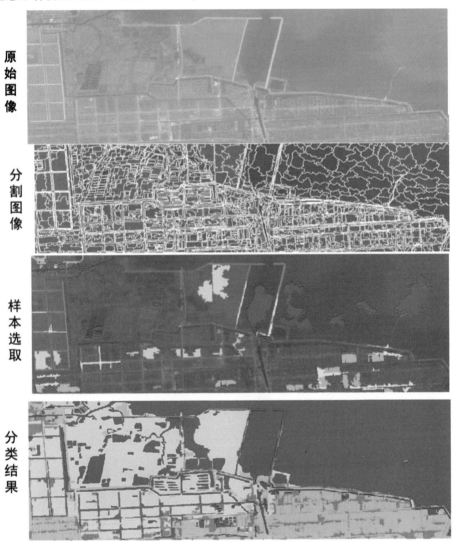

图 8-12　海门市滨海新区区域建设用海面向对象分类过程

第四节　区域用海规划实施遥感监测技术应用实践

利用 2008—2011 年高、低空间分辨率卫星遥感影像，在江苏省结合区域用海规划和海域使用确权数据，根据国家海洋局和江苏省海洋与渔业局有关区域用海规划的批复和国家相关海籍测量的有关要求，利用 ENVI 遥感专业软件对卫星遥感数据进行几何校正、拼接、裁剪，获取重点项目用海区域，提取专题信息，制作江苏沿海连云港市、盐城市和南通市的区域用海规划专题遥感地图。图 8-13 显示了连云港市的重点用海项目分布。

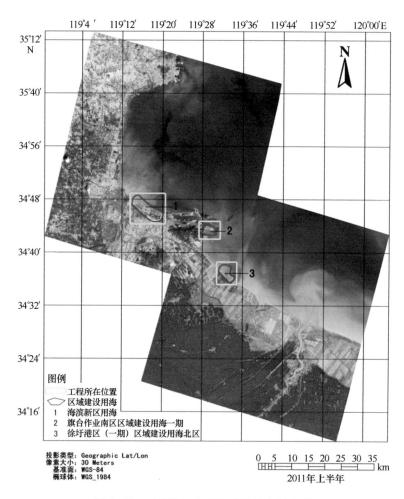

图 8-13　连云港重点用海项目分布示意图

此外，针对连云港徐圩港区区域建设用海，利用 2008 年 12 月高空间分辨率 SPOT 原始遥感影像、2009 年 8 月低空间分辨率 HJ1a 遥感影像、2010 年 4 月 5 日高空间分辨率 SPOT 遥感影像、2011 年 4 月高空间分辨率 SPOT 遥感影像并结合国家海洋局批复界址线进行叠加分析，结果显示（图 8-14）：项目自 2009 开始围填，2012 年围填已经合拢，工程在规划界址线范围内进行施工建设。

2008年12月2日SPOT原始高精影像

2009年8月14日HJ1a低精影像

2010年4月5日SPOT原始高精影像

2011年4月29日SPOT原始高精影像

图 8-14　连云港徐圩港区区域建设用海规划实施过程遥感监测图

结合连云港港大堤作业区南侧 6 宗用海围填海工程、连云港港墟沟港区二期填海工程、连云港海事监管基地用海陆域形成工程等项目的每月一次的动态监测，总结编写了现场监测记录表，编制了项目施工过程海域使用动态监视监测报告。编制了《江苏重点用海项目遥感解译分析报告》，反映了海域性质随时间发展产生的变化，为围填海施工进展提供辅助决策。在开展了 13 宗区域建设用海项目进行了摸底调查。主要调查内容为：区域建设用海围填情况、基础设施建设情况和企业进驻情况。

参考文献

[1] 彭本荣, 洪华生, 陈伟琪, 等. 填海造地生态损害评估：理论、方法及应用研究. 自然资源学报, 2005, 20（5）：714-726.

[2] 付元宾, 赵建华, 王权明, 等. 我国海域使用动态监测系统（SDMS）模式探讨. 自然资源学报, 2008, 23（2）：185-193.

[3] Toutin T. 2004. Geometric processing of remote sensing images：models, algorithms and methods. International Journal of Remote Sensing, 25：1893-1924.

[4] Argialis D P, Harlow C A. 1990. Computational image interpretation models：An overview and a perspective. Photogrammetric Engineering and Remote Sensing, 56, 6：871-886.

[5] Benz U C, Hofmann P, Willhauck G, et al. 2004. Multi-resolution, object-oriented fuzzy analysis of remote sensing data for GIS-ready information. ISPRS Journal of Photogrammetry and Remote Sensing, 58（3-4）：239-258.

[6] Chen Y, Shi P, Fang T, et al. 2007. Object-oriented classification for urban land cover mapping with ASTER imagery. International Journal of Remote Sensing, 28（29）：4645-4651.

[7] Cheng H D, Jiang H, Sun Y, et al. 2001. Color image segmentation：advances and prospects. Pattern Recognition, 34（12）：2259-2281.

[8] Comaniciu D, Meer P. 1997. Robust analysis of feature spaces：color image segmentation. IEEE Computer Society Conference on Computer Vision and Pattern Recognition, 750.

[9] Definiens Image GmbH. 1999. eCognition User Guide, German.

[10] 柏延臣, 王劲峰. 基于统计可分性的遥感数据专题分类尺度效应分析. 遥感技术与应用, 2004, 19（6）：443-449.

[11] 薄树奎. 面向对象遥感影像分类技术研究. 中国科学院研究生院博士论文, 2007.

[12] 曹宝, 秦其明, 马海建等. 面向对象方法在SPOT5遥感图像分类中的应用——以北京市海淀区为例. 地理与地理信息科学, 2006, 22（2）：46-49, 54.

[13] 左其华, 窦希平, 段子冰. 我国海岸工程技术展望［J］. 海洋工程, 2015, 33（1）：1-13.

[14] 苏奋振. 海岸带遥感评估［M］. 北京：科学出版社, 2015.

[15] 张宝. 盐田卤水蒸发过程的研究进展 [J]. 盐湖研究, 2000, 18 (1): 63-71.

[16] 胡平香, 张鹰, 张进华. 基于主成分融合的盐田水体遥感分类研究 [J]. 河海大学学报 (自然科学版), 2004, 32 (5): 519-562.

[17] 王晶晶, 张鹰, 陶菲. 盐田水体遥感分类方法研究 [J]. 海洋技术, 2005, 24 (1): 67-71.

[18] 李成范, 尹京苑, 赵俊娟. 一种面向对象的遥感影像城市绿地提取方法 [J]. 测绘科学, 2011, 36 (5): 112-120.

[19] 刘书含, 顾行发, 余涛等. 高分一号多光谱遥感数据的面向对象分类 [J]. 测绘科学, 2014, 39 (12): 91-103.

[20] Arroyo L A, Healey S P, Cohen W B, et al. Using Object-oriented classification and high-resolution imagery to map fuel types in a Mediterranean region [J]. Journal of Geophysical Research-Biogeosciences, 2006, 11: 11-19.

[21] Jin X, Davis C H. Automated building extracting from High-resolution satellite imagery in urban area using structural, contextual and spectral information [J]. Journal of Applied Signal Processing, 2005, 14: 2196-2206.

[22] 陶超, 谭毅华, 蔡华杰等. 面向对象的高分辨率遥感影像城区建筑物分级提取方法 [J]. 测绘学报, 2010, 39 (1): 39-45.

[23] 郑小慎. 塘沽盐场遥感图像模式识别方法研究 [J]. 海洋技术, 2006, 25 (3): 66-69.

[24] 王进华. 盐田水体的遥感分类方法研究: 以连云港台北盐场为例 [J]. 南京师范大学硕士学位论文, 2003.

[25] 吴涛, 赵冬至, 张丰收等. 基于高分辨率遥感影像的大洋河河口湿地景观格局变化 [J]. 应用生态学报, 2011, 22 (7): 1833-1840.

[26] 刘纪远, 张增祥, 徐新良等. 21 世纪初中国土地利用变化的空间格局与驱动力分析 [J]. 地理学报, 2009, 64 (12): 1411-1420.

[27] Foody G M. Status of land covers classification accuracy assessment [J]. Remote Sensing of Environment, 2002, 80: 185-201.

[28] 索安宁, 李金朝, 王天明等. 黄土高原流域土地利用变化的水土流失效应 [J]. 水利学报, 2008, 39 (7): 767-772.

[29] 索安宁, 王兮之, 林勇等. 基于遥感的黄土高原典型区植被退化分析 [J]. 遥感学报, 2009, 13 (2): 291-299.

[30] 魏成阶, 刘亚岚, 王世新. 四川汶川大地震震害遥感调查与评估 [J]. 遥感学报, 2008, 12 (5): 673-682.

[31] Green E P, Mumby P J, Edwards A J, et al. A review of remote sensing for the assessment and management of tropical coastal resources [J]. Coastal Management, 1996,

21：1-40.

[32] Bell S S, Hicks G R F. Marine landscapes and faunal recruitment：a field test with seagrass and copepods [J]. Marine Ecology Progress Series, 1991, 73：61-68.

[33] Seto K C, Fragkias M. Mangrove conservation and aquaculture development in Vietnam：a remote sensing-based approach for evaluating the Ramsar Convention on Wetlands [J]. Global Environment Change, 2007, 17 (3/4)：486-500.

[34] Shal A A, Tate I R. Remote sensing and GIS for mapping and monitoring land cover and land use changes in the Northwestern coast al zone of Egypt [J]. Applied Geography, 2007, 27 (1)：28-41.

[35] Arroyo L A, Healey S P, Cohen W B, et al. Using Object-oriented classification and high-resolution imagery to map fuel types in a Mediterranean region [J]. Journal of Geophysical Research-Biogeosciences, 2006, 11：11-19.

[36] Jin X, Davis C H. Automated building extracting from High-resolution satellite imagery in urban area using structural, contextual and spectral information [J]. Journal of Applied Signal Processing, 2005, 14：2196-2206.

[37] Platt R V, Rapoza L. An evaluation of an object-oriented paradigm for land use/land cover classification [J]. The Professional Geographer, 2008, 60 (1)：87-100.

[38] Shackford A K, Davis C H. A combined fuzzy pixel-based and object-based approach for classification of high-resolution Multispectral data over urban areas [C] //IEEE, Transactions on Geoscience and Remote Sensing, 2003, 41 (10)：2354-2363.

[39] Cleve C, Kelly M, Kearns F R, et al. Classification of the wild land-urban interface：A comparison of pixel and object - based classification using high - resolution aerial photography [J]. Computers, Environment and Urban Systems, 2008, 32 (4)：317-326.

[40] Stow D, Lopez A, Lippitt C, et al. Object-based classification of residential land use within Accra, Ghana based on Quick Bird Satellite data [J]. International Journal of Remote Sensing, 2007, 28 (22)：5167-5173.

[41] 高志强, 刘向阳, 宁吉才等. 基于遥感的近30a中国海岸线和围填海面积变化及成因分析 [J]. 农业工程学报, 2014, 30 (12)：140-147.

[42] Suo Anning, Zhang Minghui. Sea areas reclamation and coastline change monitoring by remote sensing in coastal zone of Liaoning in China [J]. Journal of Coastal Research. 2015, 73：725-729.

[43] 付元宾, 赵建华, 王权明等. 我国海域使用动态监测系统（SDMS）模式探讨 [J]. 自然资源学报, 2008, 23 (2)：185-193.

[44] 陶超, 谭毅华, 蔡华杰等. 面向对象的高分辨率遥感影像城区建筑物分级提取方

法 [J]. 测绘学报, 2010, 39 (1): 39-45.

[45] 李成范, 尹京苑, 赵俊娟. 一种面向对象的遥感影像城市绿地提取方法 [J]. 测绘科学, 2011, 36 (5): 112-120.

[46] 田波, 周云轩, 郑宗生. 面向对象的河口滩涂冲淤变化遥感分析 [J]. 长江流域资源与环境, 2008, 17 (3): 419-423.

[47] 刘书含, 顾行发, 余涛等. 高分一号多光谱遥感数据的面向对象分类 [J]. 测绘科学, 2014, 39 (12): 91-103.

[48] 吴涛, 赵冬至, 张丰收等. 基于高分辨率遥感影像的大洋河河口湿地景观格局变化 [J]. 应用生态学报, 2011, 22 (7): 1833-1840.

[49] 刘纪远, 张增祥, 徐新良等. 21 世纪初中国土地利用变化的空间格局与驱动力分析 [J]. 地理学报, 2009, 64 (12): 1411-1420.

[50] 于青松, 齐连明. 海域评估理论研究 [M]. 北京: 海洋出版社, 2006.

[51] 林坚, 杨有强, 苗春蕾. 中国城镇存量用地资源空间分异特征探讨 [J]. 中国土地科学, 2008, 22 (1): 10-15.

[52] 郭爱请, 葛京凤. 河北省城市土地集约利用潜力评价方法探讨 [J]. 资源科学, 2006, 28 (4): 65-70.

[53] 索安宁, 曹可, 马红伟等. 海岸线分类体系探讨 [J]. 地理科学, 2015, 35 (7): 933-937.

[54] 杨世伦. 海岸环境和地貌过程导论 [M]. 北京: 海洋出版社, 2003.

[55] Mandelbrot B B. How long is the coast of Britain [J]. Science, 1967, 155: 636.

[56] Bird E C F. Coastline change: A global review [M]. Chichester: Wily, 1985.

[57] Jong S L and Igor J. Coastline detection and tracing in SAR image [J]. IEEE Transactions on Geoscience and Remote Sensing, 1990, 28 (4): 662-668.

[58] Dellepiane S, Laurentiis R D, Giordano F. Coastline extraction from SAR images and a method for the evaluation of coastline precision [J]. Pattern Recognition Letter, 2004, 25: 1461-1470.

[59] Stanley O, James S. Fronts propagating with curvature-dependent speed: Algorithms based on Hamilton-Jacobi formulations [J]. Journal of Computation Physics, 1988, 79: 12-49.

[60] Giancarlo B, Silvana D, Raimondo D. Semiautomatic coastline detection in remote sensing images [A]. Proc of the IEEE 2000 Int'l Geoscience and Remote Sensing Symp, (IGARSS 00), Hawaii, 2000.

[61] 陈立明, 王润生, 李凤皋. 基于合成孔径雷达回波数据的海岸线提取方法 [J]. 软件学报, 2004, 15 (4): 531-535.

[62] EI-Asmar H M, Hereher M E. Change detection of the coastal zone east of the Nile Delta

using remote sensing [J]. Environmental Earth Science, 2011, 62 (4): 769-777.

[63] Nuuyen L D, Viet P B, Minh N T, *et al*. Change detection of land use and riverbank in Mekong Delta, Vietnam using time series remotely sensed data [J]. Journal of Resources and Ecology, 2011, 2 (4): 370-374.

[64] Sagheer A A, Humade A, Al-Jabali A M O. Monitoring of coastline changes along the Red Sea, Yemen based on remote sensing technique [J]. Global Geology, 2011, 14 (4): 241-248.

[65] 高义, 王辉, 苏奋振等. 中国大陆海岸线近 30 年的时空变化分析 [J]. 海洋学报, 2013, 35 (6): 31-42.

[66] 刘百桥, 孟伟庆。赵建华等. 中国大陆 1990-2013 年海岸线资源开发利用特征变化 [J]. 自然资源学报, 2015, 30 (12): 2033-2044.

[67] Ma Z J, David S M, Liu J G, *et al*. Ecosystem management rethinking China's new great wall: Massive seawall construction in coastal wetlands threatens biodiversity [J]. Science, 2014, 346 (11): 912-914.

[68] 孙富伟, 马毅, 张杰等. 不同类型海岸线遥感解译标志建立和提取方法研究 [J]. 测绘通报, 2011, 3: 41-44.

[69] 马小峰, 赵冬至, 邢小罡等. 海岸线卫星遥感提取方法研究 [J]. 海洋环境科学, 2007, 26 (2): 185-189.

[70] Suo A N, Zhang M H. Sea areas reclamation and coastline change monitoring by remote sensing in coastal zone of Liaoning in China [J]. Journal of Coastal Research, 2015, 73: 725-729

[71] Arroyo L A, Healey S P, Cohen W B, *et al*. Using Object-oriented classification and high-resolution imagery to map fuel types in a Mediterranean region [J]. Journal of Geophysical Research-Biogeosciences, 2006, 11: 11-19

[72] 韩震, 恽才兴. 伶仃洋大铲湾潮滩冲淤遥感反演研究 [J]. 海洋学报, 2003, 25 (2): 58-63.

[73] 恽才兴. 海岸带及近海卫星遥感综合应用技术 [M]. 北京: 海洋出版社, 2005。

[74] Weinstein M P, Litvin S Y, Guida V G. Consideration of habitat linkages, estuarine landscapes, and trophic spectrum in wetland restoration design [J]. Journal of Coastal Research, 2005, 40: 51-63.

[75] Schuerch M, Rapaglia J, Liebetrau V. Salt marsh accretion and storm tide variation: an example from a Barrier Island in the North Sea [J]. Estuaries Coast, 2012, 35: 486-500.

[76] Muradian R, Corbera E, Pascual U, *et al*. Reconciling theory and practice: An alternative conceptual framework for understanding payments for environmental services [J]. Ecological Economics, 2010, 69: 1202-1208.